姚 亮 杜炜平 总策划

滩涂上的生命之舟
——大型应急医院项目建设与管理

徐兆颖 陈仕华 徐国维 王 宏 主编

中国建筑工业出版社

图书在版编目（CIP）数据

滩涂上的生命之舟：大型应急医院项目建设与管理 / 徐兆颖等主编. --北京：中国建筑工业出版社，2024.
12. --ISBN 978-7-112-30566-7

Ⅰ.TU246.1

中国国家版本馆CIP数据核字第2024CV1892号

近年来，全球多地面临突发公共卫生事件的严峻考验。在此背景下，大型应急医院的建设与管理成为公共卫生应急管理体系中不可或缺的一环。本书基于大型应急医院项目建设实例，从建设背景与概况、科学决策与管理、新技术应用、项目成效与经验总结四个方面，对项目建设管理中的实践经验进行了全面总结，可为未来可能面临的类似挑战提供有益的参考。

责任编辑：刘婷婷　张　晶
书籍设计：锋尚设计
责任校对：李美娜

滩涂上的生命之舟——大型应急医院项目建设与管理

徐兆颖　陈仕华　徐国维　王　宏　主　编
姚　亮　杜炜平　总策划

*

中国建筑工业出版社出版、发行（北京海淀三里河路9号）
各地新华书店、建筑书店经销
北京锋尚制版有限公司制版
建工社（河北）印刷有限公司印刷

*

开本：787毫米×1092毫米　1/16　印张：11½　字数：236千字
2024年11月第一版　　2024年11月第一次印刷
定价：**138.00**元
ISBN 978-7-112-30566-7
（43792）

版权所有　翻印必究

如有内容及印装质量问题，请与本社读者服务中心联系
电话：（010）58337283　QQ：2885381756
（地址：北京海淀三里河路9号中国建筑工业出版社604室　邮政编码：100037）

本书编委会

主 编
徐兆颖　陈仕华　徐国维　王　宏

副主编
陈海明　陈亚升　赵　念　莫名标　程汉雨　方春生

参　编（按姓氏笔画排序）
王　帅　方　伟　叶　珺　史伟民　丘鸿波　朱中静
任振洋　刘　芸　刘志文　孙　杰　孙亿文　杜志虎
李　东　李　鸿　吴龙梁　吴丽媛　吴荫强　何季昆
张　羽　张　欣　张庆远　张哲清　陈　权　陈平宇
林为贤　罗彩霞　金莹洁　赵思特　胡　晨　钟红春
顾兴海　徐国希　郭子仪　黄　琨　崔志勇　舒　浩
廖丽莎　熊　磊　熊晓晖　潘志杰　戴泰绵

前　言

随着全球化的发展，公共卫生安全已成为全球性挑战。近年来，全球多地面临突发公共卫生事件的严峻考验，这不仅对医疗系统提出了极限要求，也对基础设施建设的快速响应能力提出了挑战。在此背景下，大型应急医院的建设与管理成为公共卫生应急管理体系中不可或缺的一环。

本书以大型应急医院项目建设为例，旨在总结和分享大型应急医院项目建设管理中的实践经验，为未来可能面临的类似挑战提供参考和指导。我们希望通过这些实践案例，能够帮助相关部门和机构快速、高效地响应公共卫生危机，保护人民的生命安全和身体健康。

在本项目建设管理实践中，我们面临了从选址、设计、施工到运营等一系列挑战。通过跨部门合作、技术创新和流程优化，仅用51天就完成了总用地面积约48.98万m^2，总建筑面积约27.08万m^2，1000张负压床位和10056张辅助床位，规模符合国际标准的应急医院建设。

本项目建设过程中面临着诸多难题：区位特殊，三面环水，地质条件差，犹如"在豆腐块上建房子"；跨境作业、人员和物资快速通关、施工场地特殊管理等没有先例可循；建设期间还面临疫情传播风险。尽管如此，各参建单位克服重重困难，积极探索研究，采用集装箱和模块化建造技术，以及设计、采购、施工分批次同步进行的工作模式，应用IPMT（一体化项目管理）和EPC（设计、采购、施工一体化工程总承包）建管模式，高效、圆满地完成了建设任务。

本书共分为4篇13章，从"建设背景与概况""科学决策与管理""新技术应用"和"项目成效与经验总结"四个方面进行了总结，可为未来相似项目的决策、管理与技术应用提供宝贵的建设经验。

我们的目标读者包括医院建设管理者、政策制定者、医疗专家以及所有对应急医院建设感兴趣的人士。

在此，我们要特别感谢所有参与应急医院建设项目的团队成员和个人，是他们的辛勤工作和无私奉献，使这一艰巨的任务得以顺利完成。

最后，我们呼吁所有读者和同行学习及应用这些实践经验，共同提升我们应对公共卫生危机的能力，为建设更加安全、健康的未来贡献力量。

本书在编写过程中得到大量专家、学者和业界同仁的支持，在此，谨对他们表示崇高的敬意和衷心的感谢！

由于编写时间和作者水平有限，难免存在纰漏和不足之处，敬请广大读者和专家批评指正！

目 录

第1篇 建设背景与概况

第1章 项目背景与概况 —— 3
1.1 项目背景 —— 3
1.2 建设概况 —— 5

第2章 建设特点、难点及风险 —— 11
2.1 建设特点 —— 11
2.2 建设难点 —— 12
2.3 建设风险 —— 14

第2篇 科学决策与管理

第3章 党建引领 —— 17
3.1 党建组织架构 —— 17
3.2 党建引领具体措施 —— 17
3.3 "党建+"模式 —— 19
3.4 党建成效 —— 21

第4章 科学决策 —— 23
4.1 项目定位 —— 23
4.2 科学选址 —— 23
4.3 建设管理模式 —— 24
4.4 管理目标 —— 24
4.5 规划方案 —— 25
4.6 建设功能及规模 —— 26

第5章
科学的统筹策划 27

5.1 项目组织职责　27
5.2 总控计划　30
5.3 管理机制　31

第6章
科学的目标管理 33

6.1 进度目标管理　33
6.2 投资目标管理　47
6.3 质量目标管理　54
6.4 安全目标管理　65
6.5 防疫目标管理　73

第7章
严格的执行力 80

7.1 设计执行力　80
7.2 招采执行力　81
7.3 施工执行力　83
7.4 竣工验收执行力　85
7.5 过渡期运维执行力　85

第3篇 新技术应用

第8章
设计阶段创新技术 91

8.1 建筑设计创新技术　91
8.2 结构设计创新技术　92
8.3 给水排水设计创新技术　92
8.4 电气设计创新技术　95
8.5 暖通设计创新技术　96
8.6 厨房设计创新技术　96

第9章
施工阶段创新技术 98

9.1 架空层穿插施工创新技术　98
9.2 典型病房楼栋全工序穿插施工创新技术　98
9.3 组合桁架加固创新技术　100

9.4 屋面支撑结构装配式施工创新技术 　　109
9.5 金属屋面装配式施工创新技术 　　110
9.6 箱体柔性防水体系施工创新技术 　　117
9.7 装饰装配式施工创新技术 　　130

第10章
BIM创新技术　　133
10.1 设计阶段BIM应用 　　133
10.2 施工阶段BIM应用 　　140

第11章
智能创新技术　　147
11.1 钢结构智能生产技术 　　147
11.2 模块智能制造技术 　　148

第4篇
项目成效与经验总结

第12章
项目成效　　153
12.1 进度成效——展示中国速度与力量 　　153
12.2 投资成效——成本控制确保结算 　　154
12.3 质量成效——保质保量完成任务 　　155
12.4 安全成效——零事故零伤亡 　　158
12.5 防疫成效——双统筹双胜利 　　158

第13章
经验总结　　160
13.1 管理经验总结 　　160
13.2 技术创新经验总结 　　163
13.3 问题思考 　　164

附录
项目里程碑节点　　166

第 1 篇
建设背景与概况

第1章　项目背景与概况
第2章　建设特点、难点及风险

第1章
项目背景与概况

1.1 项目背景

目前建筑行业面临着多方面的发展要求，如高质量发展、绿色建造、技术创新、工业化与信息化融合、数字化建造等。主要体现在以下几个方面。

1.1.1 高质量发展：与国际接轨

2022年，住房和城乡建设部发布了国家标准《民用建筑通用规范》GB 55031—2022，自2023年3月1日起实施。这表明我国在建筑领域正逐步建立起与国际接轨的强制性标准。

同时，ISO（国际标准化组织）正在修订应对建筑业可持续发展挑战的国际标准，涉及能源使用、污染、就业机会、住房和基础设施等多个方面。我国积极参与了国际标准的修订工作，以促进建筑行业的可持续发展。

作为我国的沿海国际交通枢纽，广东省于2021年出台了《广东省促进建筑业高质量发展的若干措施》，旨在通过18项具体政策措施，推动粤港澳大湾区建筑业的高质量发展，并与国际标准接轨。此外，我国也在组织编制三地互认的工程建设标准，以有序构建与国际接轨的标准体系。

在发展规划方面，住房和城乡建设部于2022年发布了《"十四五"建筑业发展规划》，旨在指导和促进建筑业的高质量发展。在国际工程标准方面，研究国际标准及让国际社会了解中国标准的需求不断增长。此外，随着中国建筑业逐步走向国际化，本土文化的地位也在提升。

种种现象表明，中国的建筑行业正在逐步与国际接轨，以实现更高质量的发展。

1.1.2 绿色建造：责任与担当

建筑行业是全球资源消耗和能源使用的主要行业之一。绿色建造有助于减少对自然资源的开采，保护生态环境，减少对环境的负面影响。

应对气候变化：建筑业是温室气体排放的重要来源。通过绿色建造，可以减少能源消耗和碳排放，对抗全球气候变化。

资源效率：绿色建造强调资源的高效利用，包括建筑材料的循环使用和建筑废弃物的回收利用，减少浪费。

节能减排：绿色建造通过采用节能设计和高效能源系统，可显著降低能源消耗，减少对化石燃料的依赖。

提升建筑品质：绿色建造注重提升建筑的室内环境质量，包括空气质量、自然光照、热舒适度等，从而提高居住和工作空间的品质。

经济效益：虽然绿色建造可能需要更高的初期投资，但长期来看，节能和减少维护成本可以带来经济效益。

政策推动：许多国家和地区的政府通过立法和激励措施，鼓励或要求建筑行业实施绿色建造标准。

社会责任：建筑企业和从业者有责任通过绿色建造，对社会和环境负责，同时提升企业形象和品牌价值。

市场需求：随着消费者健康和环保意识的提高，市场对绿色建造的需求不断增长。

技术创新：绿色建造推动了新材料、新技术和新工艺的研发和应用，有利于促进建筑行业的技术进步和创新。

提升竞争力：实施绿色建造可以提升建筑项目的市场竞争力，吸引更多的投资者和用户。

健康生活：绿色建造有助于创造健康的生活环境，减少室内外污染，提高人们的生活质量。

可持续发展：绿色建造是实现社会、经济和环境可持续发展目标的重要途径。

总之，绿色建造是建筑行业响应全球可持续发展趋势、履行社会责任、提升竞争力和满足市场需求的重要举措。

1.1.3 技术创新：引领未来

受技术进步、政策导向、市场需求和社会经济环境等多方面因素的影响，建筑行业的未来将是多元化和多层次的。

1. 建筑行业的现状

产值增长：根据相关报道，2022年中国建筑业总产值达到311980亿元，同比增长6.5%，显示出建筑业作为国民经济支柱的地位稳固。

投资变化：房地产开发投资有所下降，而基础设施投资呈现增长，表明建筑行业的投资结构正在发生变化。

集中度提升：建筑行业的集中度进一步提高，八大建筑央企新签合同额占比提升，显示出行业向寡占型市场转变的趋势。

2. 建筑行业的发展趋势

技术创新：技术创新是推动建筑行业转型升级的关键，包括BIM（建筑信息模型）技术、智能建造、装配式建筑等。

绿色低碳：节能减排和提升建筑品质是建筑行业的重要发展方向，各类政策文件引导建筑工程朝着绿色化、智能化发展。

市场集中度：市场集中度的提高和企业竞争压力的增大，促使企业必须通过创新和技术提升来增强竞争力。

政策支持：政府出台了一系列政策，以促进建筑行业的高质量发展，包括城市更新、绿色建筑和建筑工业化等。

数字化转型：数字化和信息化是建筑行业转型的重要方向，通过数字化管理提高效率和精确性。

行业规模扩大：建筑业产值稳步增长，部分省市建筑业总产值持续领跑，显示出行业的规模在不断扩大。

3. 建筑行业面临的挑战

需求收缩：建筑业面临需求收缩、供给冲击、预期转弱等压力。

房地产下行：房地产开发投资下降，对建筑业的房建业务造成影响。

环境问题：建筑业的能耗和碳排放问题亟待解决，需要提升建筑品质和减少建筑垃圾。

4. 未来展望

高质量发展：建筑业正在从投资驱动型增长模式转向内需拉动的高质量增长模式。

多元化发展：建筑业企业的营收来源将更加多元化，不再过分依赖投资增长。

产业链现代化：提高产业链现代化水平，增强核心竞争力，探索"建筑业+"的新路径。

综上所述，我国建筑行业正处于转型升级的关键时期，技术创新、绿色建造及高质量发展是其主要的发展趋势。同时，行业也需要应对市场需求变化、环境挑战和政策导向带来的影响，以实现可持续发展。

1.2 建设概况

1.2.1 总体概况

本项目为大型应急医院建设项目（图1.2-1），总用地面积约48.98万m^2，总建筑面积约27.08万m^2；建筑地上为1~2层，无地下室；最大建筑高度为7.00m。建筑单体除厨房、高位水箱和仓库为钢框架结构外，其余均为集装箱体结构。建筑耐火等级为二级，屋面防水等级为二级，有污染的位置均在底板设置两布一膜防渗漏措施。项目的设计使用年限为5年，项目建成后可同时提供1000张负压床位、10056张辅助（方舱）床位和3500间后勤宿舍。项目的建设指标如表1.2-1所示，总体功能布置如图1.2-2所示。

图1.2-1 项目地貌

项目建设指标　　　　　　　　表1.2-1

总用地面积		48.98万m^2			
总建筑面积		27.08万m^2			
功能区	应急医院及其配套设施区	建筑面积	6.19万m^2（含配套3227m^2）	床位数	1000张
	方舱设施及其配套设施区	建筑面积	11.21万m^2（含配套8118m^2）	床位数	10056张
	生活配套设施区	建筑面积	9.68万m^2	宿舍床位数	6681张
单体数量		117栋（含生活、消防水泵房）			
设计使用年限	5年	耐火等级		二级	
地基基础设计等级	丙级	基础类型		平板式筏形基础	
建筑结构安全等级	二级	结构形式		集装箱活动板房	
建筑抗震设防类别	丙类	抗震设防烈度		7度	

图1.2-2 项目总体功能布置

1.2.2 功能区概况

项目由应急医院、方舱设施及配套设施区三部分组成，共包含2栋应急医院、39栋方舱设施、44栋宿舍和30栋配套用房。

1. 应急医院概况

应急医院面积约6.19万m^2，包括544间负压病房（406间双人病房和88间单人病房，共提供900张床位；50间ICU病房，提供100张床位），3间手术室，以及放射科、检验科、中心供应、输血科等医技设施。应急医院配套设施面积为3227m^2，包括药房、空压机房、氧气站、洗车间、垃圾暂存间、太平间、负压泵房等。应急医院功能分布如图1.2-3所示。

2. 方舱设施概况

方舱设施面积约11.21万m^2，其中，方舱病房面积约10.4万m^2（共计4036间病房，其中双人间2052间，三人间1984间，可提供10056张床位），医疗配套用房面积为8118m^2，包含入院楼、出院楼、卫生通过区、检验中心及CT室、仓库及药房、分控中心汇聚机房、医疗垃圾站、污水处理站等。设施的各个出入口均设置台阶和无障碍坡道，每层为一个护理单元，设置护士站、布草间、洗消间。方舱医院功能分布如图1.2-4所示。

编号	建筑名称	位置及颜色
A1	应急医院一期	
A2	应急医院二期	
01	药房	
02	生活及消防给水站房	
03	氧气站	
04	负压泵房、太平间、医疗垃圾暂存间	
05	污水处理站	
06	尾气处理装置	
07	投药装置	
08	洗车、消杀间	
09	化粪池	

图1.2-3 应急医院功能分布

编号	建筑名称	位置及颜色
01	方舱医院	
02	卫生通过（穿）	
03	卫生通过（脱）	
04	衣物暂存	
05	入院楼	
06	出院楼	
07	检验中心、方舱CT	
08	3号仓库及药房	
09	分控中心、汇聚机房	

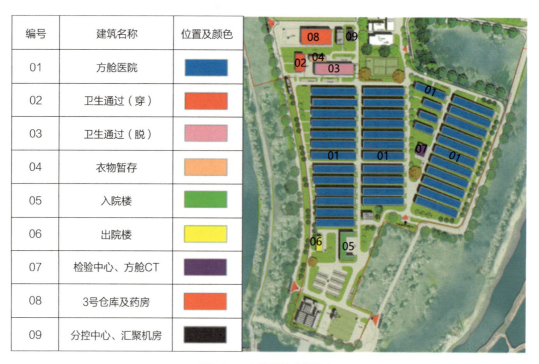

图1.2-4 方舱医院功能分布

3. 配套设施区概况

配套设施区包括医疗配套设施区和生活配套设施区两个组成部分。医疗配套设施区由应急医院配套区和方舱设施配套区两部分组成，包括氧气站、药房、消杀间、负压泵房、太平间、医疗垃圾暂存间、污水处理站、卫生通过系统、检验中心、方舱CT、入院楼、出院楼、分控中心、汇聚机房等。医疗配套设施区的用房均为单层建筑，结构形式为集装箱板房，除空压机房、氧气站、污水处理站屋面为箱体自带屋面板外，其他单体附加金属屋面。

生活配套设施区面积约9.68万m^2，包括宿舍（按照40%单人间、40%双人间、20%四人间配置，共提供6681张床位）、厨房、仓库、指挥中心、办公楼（可提供116间办公室、会议室、资料室等办公用房）等。其中，厨房为钢结构单层建筑，钢筋混凝土屋面，外墙为彩钢板，内墙为轻钢龙骨及加气块隔墙；该建筑最高处高度为7.00m。其他配套用房均为单层箱体建筑，其中指挥中心建筑高度为4.60m，消控信息中心建筑高度为3.85m。生活配套设施区功能分布如图1.2-5所示。

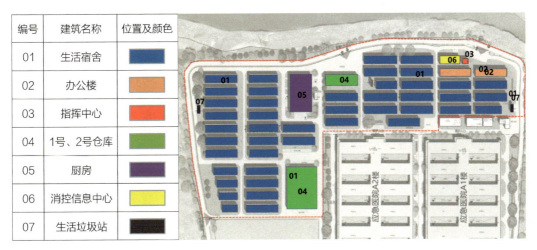

图1.2-5　生活配套设施区功能分布

1.2.3　建设历程

本项目主要包括应急医院及方舱设施两个工程。为保障项目的顺利进行，项目团队于2022年2月26日—3月6日完成了前期临时钢栈桥的施工工作。项目主体自3月6日正式开工建设，4月25日两项工程全部竣工验收，建设历时51天。项目分三期建设：3月6日—4月4日为应急医院（一期）建设，共建设500张床位；3月10日—4月20日为应急医院（二期）建设，共建设500张床位，并实现应急医院工程全面竣工验收；3月22日—4月25日为方舱设施建设，共建设10056张床位，并实现竣工验收。2022年5月6日项目完成整体竣工交付仪式。如图1.2-6所示。

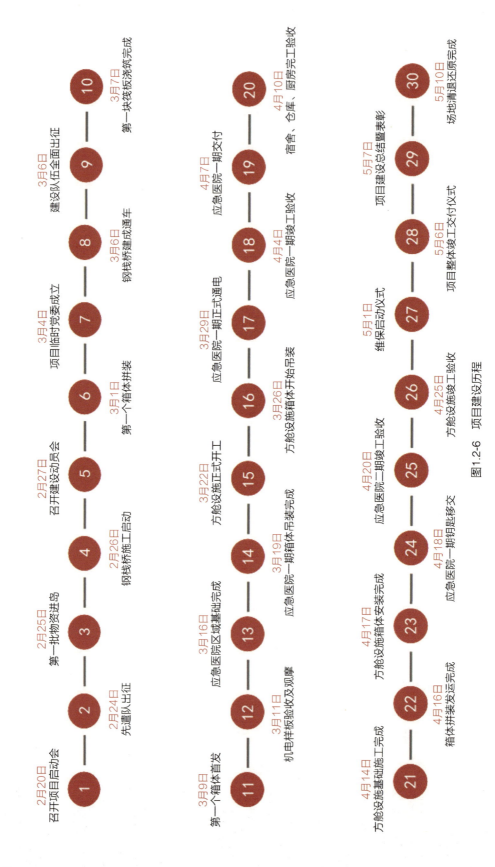

图1.2-6 项目建设历程

第2章
建设特点、难点及风险

2.1 建设特点

1. 决策部署效率高，资源调配及时

项目建设团队于2022年2月25日接到建设任务后，2月26日正式开展临时钢栈桥的施工（图2.1-1）；在钢栈桥施工完成后，于3月6日集结2万余人迅速开展项目主体建设，仅用23天就完成了各项决策部署及各项初始资源、人员的调配工作。

图2.1-1 临时钢栈桥施工

施工过程中，各项建筑材料、医疗设备资源等均实现了按时到场。项目最终共计交付1000张负压床位和10056张隔离方舱床位，完成了应急医院、方舱设施及配套设施区的建设。医院配置有手术室、放射科、检验科、输血科、药房、氧气站等各类设施，医疗功能完善，能满足传染病应急医院的各项需求。

2. 设计、采购、施工分批并行开展

由于地理位置的限制，项目需先解决交通问题，此后，设计、采购、施工分批并行开展。又因医疗救治的需求，项目需先开展应急医院的建设，然后开展方舱设施的建设，并逐步完善其他配套设施的建设任务。

3. 复杂环境适应，风险管控严格

本项目所在场地的地质条件较差，且建设期处于雨季，复杂的自然环境需要建设单位及工人尽快适应，以保障项目的顺利开工。同时，由于项目开展过程中涉及多头任务并行，管理环境也极为复杂，需要管理人员快速适应建设节奏，确保建设的顺利进行。整个施工过程中，项目团队能够迅速解决各类施工难题，多项任务协调一致，很好地适应了复杂的建设环境。

4. 多方通力合作，创新技术支持

本项目参与人员来自工程技术、医疗技术服务、机电系统等众多单位，各方协调难度大，对于协调工作要求极高，且项目工期极短。最终在上级部门的领导下，各项目参建方相互配合、相互协调、相互支持，在短时间内实现了多方的通力合作，确保在有限的场地内将多专业立体交叉组织施工的协调难度降到最低，零争吵地实现项目交付。

本项目施工采用装配式钢结构+模块化技术，即运用工厂集装箱的预制成品，现场安装，实现项目的快速建设。在机电方面，采用地面架空安装机电主要管道的方法，确保成本控制的同时，还能实现高质量的安装效果。此外，项目施工利用智慧施工技术指挥现场作业，包括对工期进度、物流交通、虚拟建造、防疫等重点数据的展示；利用智慧屏与鹰眼系统，实现视频会议及时召开、工程周边5km内的交通实况及工程现场实时监控；利用虚拟建造+现场建造的手段，更加精确地把控建造过程与建设位置，以提升建造速度。项目在建造过程中均使用可回收的绿色建材，采用钢结构装配式建筑，材料再利用率可达到99%。总体而言，创新技术支持进一步提升了项目的质量与速度，有助于实现"双碳"建设目标。

2.2 建设难点

1. 建设工期紧迫

项目建设目标主要是缓解疫情期间的医疗资源压力，因此进度要求极为紧迫。同时，根据项目设计与规划，需要在短短51天内，高标准、高质量地完成应急医院、方舱设施及配套设施区的建设，标准极高、任务体量极大。因此，项目的首要难点是如何在极限的项目进度中顺利完成这项重大建设任务。

（1）设计工期紧张。本项目接到建设任务时，各方需求和运营单位尚未确定，外围输入条件未能明确。而按照规定，需要在3月5日前完成设计交底工作，3月6日开展项目建设。这意味着，仅有17天时间完成应急医院和方舱设施的主体设计及专项设计。

（2）招采工期紧张。项目于3月6日正式开工建设，各项资源需要快速组织，而在此

之前需要完成摸排、招采、谈判和合同签订等多项工作。本项目招采过程中，人员、材料和部分机械都与常规项目有所不同，存在出图和施工同步，需要招采多项长周期设备的情况。此外，由于项目的不确定性，导致过程中常常需要紧急招采。以医疗专项工程、污水处理工程、厨房工程为例，从完成出图到资源确定进场往往需要50天的采购时间，而本项目中需要极限压缩至3~5天完成。此外，项目时常面临临时增加的人、材、机需求，往往是当天提需求当天进场，这给招采工作带来极大压力。

（3）施工及验收工期紧张。由于项目是紧急对抗疫情需要的呼吸科传染病应急医院，要求在保质保量的前提下建设工期尽量提速，因此，需要在7天内完成通关、栈桥及封闭式临建建设，30天完成应急医院一期建设，13天完成应急医院二期建设，同步在35天内完成方舱设施建设等。极度紧张的工期给项目建设带来了重大的考验（图2.2-1）。

图2.2-1　项目夜间建设实景

2. 交通管理难度大

本项目所在地块被河道四周包围，是一座孤岛，需要具备交通运输的条件。如何实现与地块的连通是交通管理工作中的重要难题。而在修建好临时钢栈桥后，还需要在短时间内完成全配套的呼吸科传染病应急医院的建设。物资由口岸经正常报关、清关流程已无法满足现场物资及时到位的需求。因此，围网封闭后，所有的物资、设备和人员只能通过临时钢栈桥出入，可谓"千军万马过独木桥"。同时，由于项目内侧没有任何的基础设施，内部循环捉襟见肘，内外交通管理难度大。

3. 建设条件艰苦

本项目四周被鱼塘环绕，长时间受到水流浸泡和侵蚀，导致项目地基条件较差，软土、淤泥地基较多，犹如"在豆腐块上建房子"。与此同时，由于跨境要求，项目全程采用封闭式管理，即所有参建人员须全天日驻场，而项目地处孤岛，没有水电接驳点、生活排污和住宿设施。在工期紧张、进场即冲刺的前提下，没有时间搭设临时住所，全体参建者前期住帐篷、吃盒饭、打地铺。由于正处雨季，大雨过后泥水还会漫灌进生活区帐篷，建设条件异常艰苦（图2.2-2）。

图2.2-2　雨后大水漫灌进生活区帐篷

2.3 建设风险

修建过程正值雨季，大量的雨水导致施工场地湿滑，不仅给现场施工带来了极大的挑战，还容易产生人员滑倒、触电等危险。此外，潮湿环境也易导致人员身体不适，令人员难以集中注意力，影响施工效果。

第2篇

科学决策与管理

第3章　党建引领
第4章　科学决策
第5章　科学的统筹策划
第6章　科学的目标管理
第7章　严格的执行力

第3章
党建引领

3.1 党建组织架构

党的建设，是中国共产党在中国革命中战胜困难的法宝之一。为全力推进项目建设，充分发挥基层党组织在政府工程建设中的战斗堡垒作用和党员的先锋模范作用，本项目于2022年3月4日召开了临时党委成立大会，成立了项目临时党支部。

临时党支部共有党员87名，设支委7名，其中，书记1名，副书记2名。支部书记由项目主任担任，建设单位、EPC总承包单位及监理单位相关负责同志担任支部副书记、组织委员、宣传委员、纪检委员和青年委员。项目临时党支部和党员坚持以人民为中心，旗帜鲜明讲政治，坚决落实各项工作要求，把人民至上、生命至上的理念融入日常工作中，众志成城、不畏艰险，为夺取抗疫斗争全面胜利不懈奋斗。

3.2 党建引领具体措施

习近平总书记指出，党的领导"是党和国家的根本所在、命脉所在，是全国各族人民的利益所系、命运所系"。历史充分证明，党的领导"始终是党和国家事业不断发展的'定海神针'"。越是急难险重的项目，越需要加强党的领导和党的建设，中国特色社会主义"集中力量办大事"的制度优势带来的强大组织能力、动员能力和协调能力是完成建设任务的根本前提，"党领导一切"是完成建设任务的根本保证。

项目全体参建人员坚决落实上级党组织关于项目建设的各项部署要求，强化政治担当，坚持党建引领，充分发挥基层党组织战斗堡垒作用，关键时刻凸显党员先锋模范作用，坚定一手抓党建，一手抓建设，凝聚起各方奋进的磅礴伟力。

3.2.1 项目提级管理，各级干部靠前指挥

各级政府及各参建单位均成立专班，各级干部靠前指挥，深入一线。各参建方均把项目作为头号政治工程，精锐出战，确保建设任务顺利完成。

3.2.2 坚持党的领导,临时党委牵头抓总

项目临时党支部成立后,不断加强党的领导,充分发挥项目临时党支部的领导核心作用,坚决贯彻落实党中央和上级党组织的要求和精神,负责牵头抓总,充分发挥"把方向、管大局、保落实"的重要作用,紧紧围绕中心,服务大局,根据建设需要定期召开项目建设推进会、疫情防控专题会、人员退场专项部署会等专题会议,统筹解决项目系列重点、难点问题,为项目建设全面保驾护航。

3.2.3 党员发挥先锋引领作用

项目需搭建临时钢栈桥跨越河道,以"内地全包"的模式开展建设,前期需要人员通关进行项目现场勘测,更正数据偏差,扫除设计疑难等工作。关键时刻,党员们充分发挥了"我是党员我先上"的先锋模范作用,参建单位成立了以党员同志带头的30人先遣队,负责项目临水临电接驳、场平、网络、围挡等前期工作。历经7个昼夜的奋战,先遣队完成了50万m^2初步勘测、20万m^2场地平整、4.8万m^2临建区浇筑硬化、15km永久高压电缆铺设送电、9300m边境围网安装以及3条跨境专线与内地互联网线路顺利联通,为应急医院项目后续的全速建设打下了扎实基础。

关键时刻冲上去,危难关头豁出来。项目建设中,临时党支部和广大党员干部带头发扬顽强拼搏精神、带头顾全大局遵守纪律、带头坚守岗位扎实工作,自觉经受了政治考验和党性检验,做到了哪里任务险重,哪里就有党组织的工作;哪里有困难,哪里就有党员站在第一线,充分发挥了党员干部的先锋模范作用(图3.2-1)。

图3.2-1　支部建在项目上,党旗飘在工地上

3.3 "党建+"模式

3.3.1 党建+生产，凝聚建设合力

1. 开展劳动竞赛，激发劳动热情

项目坚持以竞赛誓师激发建设热情。2022年3月15日，为圆满完成项目建设任务，力保一期整体工程进度节点顺利达成，项目以"争分夺秒、使命必达"为主题，开展誓师大会暨劳动竞赛启动仪式（图3.3-1），推动本项目相关的参建单位"比学赶帮超"。4月6日，项目借助一期竣工交付契机，召开一期总结表彰大会暨决战全面竣工誓师大会，选树典型、表彰先进，签订全面竣工"军令状"，进一步激发二期建设斗志。4月10日，针对方舱设施建设困难的现状，再次举行方舱设施"奋战十五天、决胜4·25"誓师大会，颁发各参建单位"军令状"，加快建设进度，从而夺取项目建设的全面胜利。

图3.3-1　项目誓师大会暨劳动竞赛启动仪式

建设过程中还组织工区流动红旗、疫情防控等专项评比活动，开设每日红黑榜奖罚，及时开展阶段性评比并对先进集体和个人进行荣誉表彰及奖励，营造激昂争先的建设氛围。

2. 举办仪式活动，营造劳动氛围

本项目建设50多天中，项目先后组织各类活动10余次，包括先遣队出征仪式、劳动竞赛、箱体组装誓师大会、交付仪式等大型活动8次，有效激发了组织活力，营造了"比学赶超、大干快上"的生产氛围。项目坚持以活动为载体开展正向激励，凝聚斗志，

同时以活动倒逼工程建设进度。例如，开展徒步健康行活动，倒逼市政专业在2天内完成所有基础与路面的施工，有效确保了工期节点。

3.3.2 党建+关怀，尊重劳动工友

项目建设越紧急就越需要做好后勤服务、关怀慰问、情绪疏解等工作。

首先，要做实工友物质关怀工作。面对艰苦环境及紧张的工期要求，党建综合各工作组紧密联动，开展"三八"国际劳动妇女节慰问、覆盖工友的集体生日会等慰问活动；为应对长时间的封闭管理，后勤组引入公益理发，满足工友理发需求。此外，组织医护人员到现场驻点并制作感冒预防汤药，守护广大工友健康；相关企业也无偿为工友捐赠2万余件文化衫留作援港纪念。

其次，要做实工友精神关怀工作。上级领导多次赴项目现场慰问广大工友，极大地鼓舞了工友的建设热情。在项目交付仪式上，邀请工友于中心位置出席表彰仪式，展示建设者功勋。同时，项目开通并运行广播站，聚焦工友故事，发挥榜样力量，制作36期"好声音"，让工友的声音被广泛听见，激发所有参建人员的自豪感。

最后，要做实工友权益保障工作。项目加大政策宣传，设置了农民工维权信息告示牌，并以广播、每日晨会等方式讲解休养补贴等政策。设立综治维稳调解室，畅通工友维权渠道，为有效解决工友工资争议等问题提供沟通对话平台，相关律师团队也进驻现场免费提供法律援助，引导、服务工友进行合法维权。

3.3.3 党建+维稳，助力平稳建设

项目联动公安、网信、宣传、人力、住建、信访、司法、卫健委等部门组建维稳专班。维稳专班通过驻点办公与值守机制、会商沟通机制、应急处置联动机制、定期巡查巡检机制、会议机制、每日碰头交流机制、日报机制等，助力项目现场维稳应急工作平稳开展。同时，EPC总承包单位也成立项目退场维稳工作专班，由公司党委书记、董事长担任组长，党委副书记、工会主席担任工作组长，严格落实退场维稳主体责任，压实各参建单位维稳责任，将各主要参建单位纳入EPC总承包单位维稳工作体系，接受EPC总承包单位统一调度管理。各主要参建单位项目指挥长和项目经理作为退场维稳工作专班组员，直接负责本单位退场维稳工作。

3.3.4 党建+退场，践行人民至上

项目成立专班负责退场发运工作，建立报表审批流程，完善发运流程，跟进车辆人员信息，保障了2万余人及时、有序退场。为切实做好退场人员闭环集中休养健康管理工作，在政府的大力支持下，组建了9个安置休养点，每个安置点组建了指挥部和6个工

作组（转运数据组、综合协调组、医疗防疫组、心理疏导组、警务安保组、后勤保障组），全力保障退场。

3.4 党建成效

3.4.1 党建引领建设，项目如期交付

本项目自立项以来就面临重重困难和考验，组建的项目临时党支部立足"前瞻思考、系统谋划、战略布局、一体推进"的工作思路，秉持"先生产、后生活"的工作理念，高效推进工程建设。一是第一时间委派先遣队深入区域现场勘测，更正数据偏差；二是全面摸排资源，加快招采进度；三是向上级部门倡议修建临时钢栈桥，及时打通运输动脉。同时，布置4大堆场，科学测算资源投入，并储备箱体3000多个，逐步为项目建设做好准备、做强支撑，搭建了各职能线横向到边，土建、钢结构、机电、装饰、医疗等专业线纵向到底的管理体系。

在临时党支部的科学引领、正确指挥下，工程攻坚团队依托"三图一曲线"（网络计划图、进度计划甘特图、工程计量矩阵图及形象进度曲线）将计划可视化，应用物联网设计将现场信息化，通过制度流程将管理标准化，聚智聚力，实现了7天建成临时钢栈桥、进场后1天完成6.3万m^2的场平、3天完成1.6万m^3混凝土浇筑（一期混凝土总量约1.8万m^3）、5天完成4000多个箱体拼装、30天竣工交付应急医院（一期）工程、51天项目全面竣工交付。300余家参建单位和2万余名建设者，用51天在荒滩之上抢建出一座"生命之舟"，再次展现了"中国力量"和"中国速度"。

3.4.2 统筹文化宣传，筑就项目精品

本项目打造实现了覆盖全媒体的矩阵式宣传。从2022年3月6日至5月7日，媒体聚焦工程建设发稿7200余篇，其中核心媒体90篇，包括《人民日报》3次，海外版4次，英文版1次；《人民日报》官方微信头条1次；新华社通稿12篇，新华全媒头条3次，新华社各平台头条或头版3次；11次登上中央电视台，3次《新闻联播》；《中国新闻周刊》印发专刊；凤凰卫视、深圳卫视等电视台制作专题节目，时长累计超过5个小时。此外，项目电影团队驻场忠实纪录，由曹金玲执导的《不孤岛》纪录电影也已上映。

3.4.3 统筹人员退场，践行责任关怀

项目临时党支部做实退场关怀工作，为工友提供"暖心九条"服务（一条欢迎横

幅、一声温暖问候、一封慰问信、一个暖心礼包、一揽子健康服务、一套个性化餐饮、一条暖心热线、一份生日祝福、一份特色纪念品）；打造建设者功勋墙供合影留念；提供充足的生活保障，给予退场人员英雄礼遇。同时，为切实保障工友合法权益，成立了由项目临时党支部领导的应急专班，以"应付尽付、应付快付、应付全付"为原则，先后保障4万余名工友平稳退场。

从2022年3月5日第一批先遣队退场到5月31日最后一批项目人员离场，临时党支部通过在岛内设立一站式服务中心，为工友提供87天服务，完成了2万余人次的慰问物资发放。其中，文化衫23000件，毛巾被、水杯、感谢信、退场卡31460套，纪念帽22060个。在休养期间，举办了2期退场人员线上文艺大赛，征集摄影作品361张，文字作品160篇，制作了400余条横幅以及建设者功勋墙。所制作的短视频获得大批工友点赞，对休养人员实现了全方位的关怀。

第4章
科学决策

4.1 项目定位

本项目是以三甲传染病专科医院、三级综合医院医疗配置为建设标准的临时医院。

4.2 科学选址

本项目经研究决议后进入建设筹备阶段，初步选定6处地点，其中3处地点可建造重症医院。

但6处选址距资源发起地均较远，项目又属于"跨境"作业，所有的人员、物资均需要通过海关边检提前进行报关、清关，对于长途且大批量物资的过境，海关的消纳量有限，无法满足当前项目建设工期的需求。最终经过设计强排，并与相关部门充分沟通后，决定采用位置、环境最有利于建设和使用的选址。

在选址确定后，为加快物资、人员进出，保障物流通畅，项目采用"建桥直通"的方式，在局部管理外扩区实行全封闭、无接触施工。总体上由建设单位统筹各参建方进行本地区的管理，这对参建单位的管理能力提出了极高的要求。

随着各方研究工作的深入，项目建设总指标也发生了变化。最开始确定床位数为300张，按单层建筑考虑。经过多轮探讨后，明确项目按1000床应急医院建设，分两期交付，并额外建设10000床方舱医院；要求30日先交付500床应急医院以及配套医护人员用房和设施。随着设计指标的变化，建设地块的用地规模也发生了变化，在原定24公顷的基础上，增加了17公顷的拓展面积，之后又增加了12公顷的拓展面积，合计使用面积达到53公顷。如图4.2-1所示。

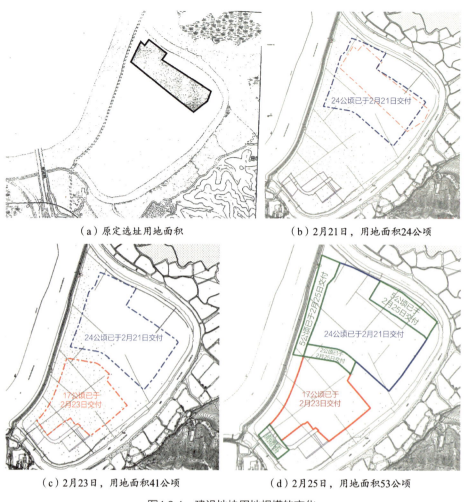

（a）原定选址用地面积　　　　　　　（b）2月21日，用地面积24公顷

（c）2月23日，用地面积41公顷　　　（d）2月25日，用地面积53公顷

图4.2-1　建设地块用地规模的变化

4.3 建设管理模式

本项目采用"IPMT（一体化项目管理）+EPC（设计、采购、施工一体化工程总承包）+监理（履行全过程工程咨询职责）"的建设管理模式，该模式由建设单位统筹策划，监理单位协助策划和协调方案的执行，EPC总承包单位全面实施。

4.4 管理目标

科学决策管理目标明细如表4.4-1所示。

科学决策管理目标明细表　　　　表4.4-1

序号	管理事项	管理目标	备注
1	进度管理	开工时间：2022年3月6日 完成时间：2022年5月5日	
2	质量管理	满足《建筑工程施工质量验收统一标准》GB 50300—2013； 满足建设单位质量验收标准	
3	安全管理	零事故、零伤亡	
4	防疫管理	双统筹、双胜利	

4.5 规划方案

本项目执行国家标准，采用以往应急院区建设、运营模式和标准，开展应急医院项目规划设计。①因地制宜，合理规划。结合地形及城市交通组织情况，充分利用现状条件，降低对周边生态环境的影响，减少场地土方工作量，加快进度。②严格分区，高效防控。依据国家及卫生健康委员会相关规范、导则，依照主导风向划分清洁区、限制区与污染区，并充分结合场地形状布置应急医院区、方舱设施区、生活区及后勤，实现高效、短捷、严格的各类流线组织，提升防疫安全性。③对标以往建设经验，性能提升。对防护流程、功能流线进行专项性能提升，以应对灵活多变的防疫场景。④模块设计，装配集成。采用模块化集装箱结构体系，实现标准化的功能组合模式，并对特殊医疗区域采用性能化技术措施。⑤科学规划，便于实施。结合建设总体部署及组织时序，采用科学、高效的组团式规划，实现分期建设的可行性。

经前期与有关部门沟通，项目团队快速确定了地质、给水、排水、燃气、电气、通信及道路等选址及建设条件，协商确认了有关医疗污水排放、运营期间生活垃圾、餐厨垃圾、医疗废弃物等的处理标准及各方管理责任界面。

项目明确采用功能分区及洁污分区，严格执行"三区两通道"（清洁区、半污染区、污染区、污染通道、洁净通道）标准，隔离人员、医护工勤人员、洁净物资、污物流线等相互独立，在保证防疫安全的基础上，实现医疗流程的简捷、清晰、高效。①项目设置100床ICU（重症监护病房），1间万级负压复合手术室（含DSA）和2间十万级负压手术室，配有3台CT、1台MRI、1台DR（直接数字化X射线摄影）及内镜等大型医疗设备，设置中心供应、检验科、输血科等医技用房，以提升对病人的医疗救治能力。②提高供氧量病床数量，加装移动式无创呼吸机和呼吸湿化治疗仪，提升对重症病人的救治能力。③采取排水系统污水分区排放措施，防止通过排水管道内发生浊气串流污染；污水处理站按国家标准中的四类水标准进行处理后排放，医院区污废水通气管均设置消杀装置，废水废气排放完全达标。④采用合理的空气压力梯度，有效控制气流按清洁区→半污染区→污染区单向流动，保证空气有组织流向，减少交叉感染风险；采用负压病房、送排风三级过滤、锥形风帽高空排放、严控进排风机组安全间距等措施，确保整体环境的安全性。⑤采用可靠的供电系统。院区内采用"双环网线路供电+柴油发电机备用电源+重点区域不间断电源UPS+局部IT系统"的供配电系统架构，确保供电可靠性。⑥采用病房探视系统、护理呼应信号系统、病房监视系统、远程医疗系统等智慧系统，以加强诊疗效果，提升管理水平。⑦将穿、脱防护服间分离设置，提升卫生防疫安全性，同时设置智能柜储存区、候车室、公共卫生间等便利服务设施。⑧设置厨房、仓库等配套用房，为患者和医护工勤人员提供餐食保障服务。

4.6 建设功能及规模

本项目服务于需隔离人员——为重症病人提供隔离治疗，为轻症病人提供隔离方舱，同时要做好医护工作人员的办公、住宿等后勤保障工作，犹如一个能容纳万人独立运行的"医疗型生活社区"，需为所有人员提供生活、办公等全方位服务。

第5章
科学的统筹策划

5.1 项目组织职责

项目组织由上级政府专班、建设单位、监理单位和EPC总承包单位组成。

5.1.1 上级政府专班职责

上级政府专班的职责主要是协调统筹政府部门工作，就项目建设重大问题进行决策；领导协调省、市政府部门及建设决策等。

5.1.2 建设单位职责

建设单位的职责主要是落实省、市专班组决策及统筹项目建设等，具体包括：

（1）建立跨部门的协调联动机制，统筹指导、支持EPC总承包单位做好应急医院项目建设期间信访维稳、安全保卫、安全生产、劳资纠纷、舆情引导、应急处置等工作。

（2）跨部门协调联动，统筹指导隔离检疫设施建设工作。成立隔离检疫设施建设组（服务援建专班），主要负责项目建设管理相关工作。逐步完善形成由综合协调组、前期设计组、工程项目组、招标商务组、工程督导组、协调服务专班、建设管理专班、现场工作专班、堆场工作专班等组成的项目指挥部。

5.1.3 监理单位职责

监理单位职责主要是协助建设单位统筹及对统筹方案进行指挥、协调、监督、管理。监理单位组织结构如图5.1-1所示。

本项目监理单位从深圳、重庆、成都及江苏等地调集了涵盖项目管理、土建、给水排水、暖通、弱电、强电、造价、BIM、后勤保障的骨干力量，组建了一支以公司总经理和副总经理为双总指挥、共计93名设计咨询师与专业工程师的精英团队，按照全过程咨询的标准提供包括设计管理、采购管理、施工管理、造价管理、防疫管理等方面的监理服务。

项目部实行项目管理+监理一体化的管理架构，实现"一个目标、一个团队"，为项目顺利开展提供了有力支撑。

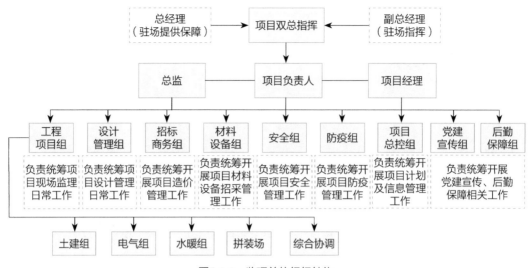

图5.1-1 监理单位组织结构

5.1.4 EPC总承包单位职责

EPC总承包单位的职责主要是全面落实统筹方案,确保方案保质保量地按计划完成。

1. EPC总承包单位整体组织结构

本项目的"大会战"在规模上属于大兵团作战,组织效率极其重要,这就要求项目组织架构的搭建必须是统分结合、深度融合的。基于实际项目经验以及对同类项目的借鉴,依照"IPMT+EPC+监理"的建设模式,项目总结出了一套趋于成熟、行之有效的EPC总承包单位整体组织结构:后台指挥,中台+前台联合作战,"职能线+业务线+专业线+工区线"相互融合。

项目启动后,公司快速成立了以董事长为指挥长、总经理为常务副指挥长,总部七大职能线主要领导为成员的项目指挥系统,成立了集团IPMT。各职能线按业务直接下沉至现场,与项目团队联合作战,提供资源支撑和兜底帮扶。

项目以"党建+EPC"为总牵引,纵向以职能线为主,横向以专业线为主,建立起项目的管理架构。在项目部层面,因场地面积较大,建设周期有所不同,分别设置应急医院和方舱两大团队,下置若干个作战单元(工区、专班、工作组等)。对项目的各项事宜和问题,均可通过职能线与专业线的沟通、消化,经充分考虑后决策并统一指令发布、资源协调调配,确保指令准确、及时地传达到每一个层级。

2. 其他组织结构

(1) 业务融合

钢结构业务(含屋面、箱体拼装、安装)由钢构公司负责实施,模块化箱体由绿色科技公司负责实施,市政管网由基础设施部负责管理实施。以钢结构业务为例,钢构公司的管理架构趋向职能型架构，纵向与EPC总承包的职能线深入融合、联合办公；横向与EPC总承包的工区线深度融合，由EPC总承包工区统筹各专业之间的穿插。

（2）工区管理组织结构

根据本项目的建筑布局及特点，项目实行"工区+专班/组"的管理模式。工区部分，应急院区一期设置4大工区（A1、A2、A3、D1），二期设置2大工区（B1、B2）；方舱设施设置4大工区（C1、C2、C3、C4），并针对性地设置医疗专班、化粪池专班、厨房专班等，下辖至工区管理同时与工区并行专项推进。专班/组部分，在专项上设置6大专班［平面专班、计划专班、交通专班、6S（整理、整顿、清扫、标准化、素养、安全）专班、临水临电专班、物资设备专班］，由EPC总承包单位统一管理和调配，实现各工区资源统筹协同。

工区以"生产+专业"为主，职能线以专业BP（业务伙伴）的形式融入工区，共同组成一个完整的"项目部"，确保各项指令的上传下达。由工区长统筹工区内所有的施工事宜，各工区引入不同大区、不同分公司分别管理，内部形成了良好的"争先"氛围。工区管理组织结构如图5.1-2所示。

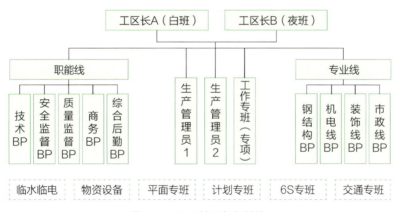

图5.1-2　工区管理组织结构

（3）拼装基地组织结构

外场箱体拼装组织结构采用以钢结构为主导，各专业协同的管理模式，是EPC总承包管理与专业管理深度融合的架构体系，横向是以综合、生产、技术、商务、质量、安全为主的职能线，纵向覆盖箱体、机电、集成卫浴、装饰装修等。依托5大区域钢结构公司设置5大工区，机电、装修、卫浴3大专业线与工区管理交叉融合，采用"分段推进、同步实施、专业协同"的模式，以组装成品交付为中心实现项目有序推进。同时，压实"责任工程师"制，在各工区内设置技术工程师，以关键线路为主线，将工期计划细化到半天，实现快速拼装，协调作战。拼装基地组织结构如图5.1-3所示。

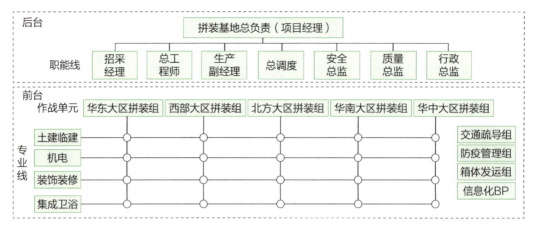

图5.1-3 拼装基地组织结构

5.2 总控计划

从项目启动到交付使用的过程包含前期决策、设计及材料设备采购、施工、验收四个阶段。其中，合理、可行的总控计划是提高工作效率、降低工作强度、顺利推进项目完工的关键。项目总控计划如图5.2-1所示。

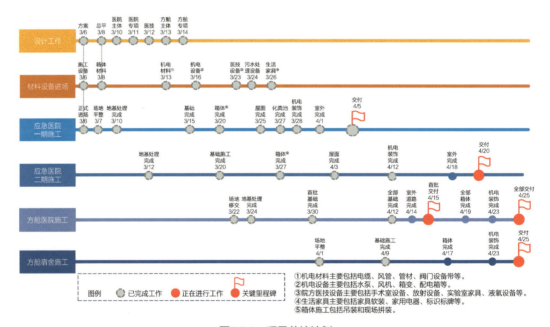

图5.2-1 项目总控计划

5.3 管理机制

为确保各项管理目标能够顺利实现，项目确定了"提高站位、加强统筹、分工明确、主动为之"的十六字工作方针，并围绕工作方针建立了八大机制：密集调度机制，重大问题协调解决机制，日报清单机制，重大问题研判预警机制，立项销项机制，监管体系责任机制，风险防控分级和分区管控机制，巡查和考核奖惩机制。

5.3.1 密集调度机制

按照"时间铺满、空间有序"的原则，全过程保障人、机、料等资源的供给配备，全方位统筹材料设备进场、作业面及作业时间，保障资源密集调度，实现项目科学推进。

密集调度机制包括人、机、料等资源的集中调度，作业面及作业时间的科学统筹，材料堆场及交通运输的科学调度等。

5.3.2 重大问题协调解决机制

根据问题推进和需协调事项难度，分层级组织召开协调推进会。

重大问题协调解决机制包括省市领导现场调研、超前决策，建设单位领导靠前指挥，全链条把控项目系统、有序地推进建设等。

5.3.3 日报清单机制

根据项目交办事项、现场推进事项、新增需求事项等，制定事项清单，落实督办，每日汇报项目进展情况；通过精细化的管理把控项目高质量建设。

日报清单机制包括督办事项清单、现场事项各类清单、项目周报、项目日报等。

5.3.4 重大问题研判预警机制

每天对可能存在的、影响项目进展的重大问题进行收集、整理，确立应对方案及快速决策机制；如发现项目存在组织管理、工程技术等重大目标管控风险，需第一时间对风险进行梳理、上报及处置解决。

5.3.5 立项销项机制

为确保发现的问题得到及时解决、会议决策能够落地，应制定问题立项销项清单，根据清单进行动态跟踪，对设计和施工质量、施工安全、投资控制、现场进度等情况进行检查跟踪，确保项目正常推进，按计划竣工。

5.3.6 监管体系责任机制

以质量安全为底线、红线，综合考虑造价、工期、环保等条件，经过综合评估，选定EPC总承包单位、监理单位及造价咨询单位，强化合同管理和履约。

监管体系责任机制包括搭建EPC总承包单位和监理单位管理团队，认真落实合同管理，强化监理旁站工作实效等。

5.3.7 风险防控分级和分区管控机制

在项目设计及建设期间充分考虑风险防控；每日统筹项目疫情防控工作，同步建立各参建单位防疫组织架构；明确压实各分包单位负责人、防疫负责人、防疫专员等的责任分工，形成强大的风险防控工作合力。

5.3.8 巡查和考核奖惩机制

巡查和考核奖惩机制包括全过程压实主体责任，针对性强化重点管控，全方位细化技术交底，常态化落实督导抽查等。

第6章
科学的目标管理

6.1 进度目标管理

6.1.1 进度目标

项目于2022年2月20日正式启动，计划于2022年5月5日之前完成。其中医院一期实际工期36天，二期实际工期30天，方舱医院实际工期35天。考虑到项目的紧急性与特殊性，应优先保障一期工程的顺利完成，并同时开展二期和方舱的施工任务。因此，在进度目标的要求下，采用"倒推法"明确各项关键工作的完成时间节点，以确保整个工程能按时完工。同时，充分管理人力、物力、财力等资源，以高效推进项目实施；密切监控工程进度，及时发现并解决可能影响工期的问题；灵活调整资源分配和工作安排，以确保整个工程能够按计划进行。

6.1.2 组织措施

1. 成立指挥部

2022年2月20日下午，建设单位主持召开筹备会。会议明确了工作指挥部建设管理专班工作机制，并建立了建设管理专班成员组织架构。2月25日，建设单位组织召开首次工作指挥部调度会，建设单位工程设计组、材料设备组、工程督导组、工程项目组、EPC总承包单位、监理单位派代表参会。会议迅速展开了项目筹备工作，明确分工，并要求加快推进项目整体进度。

2. 分区网格化管理

根据进度和建设需求，项目采取"划片分区、充分授权、就地决策、分头突围"的工作机制。应急院区一期分为4大工区，二期分为2大工区，方舱设施分为4大工区。每个工区都由专人负责，各分区负责人均具备较强的能力和经验，并得到了充分授权。其中，EPC总承包单位各分区长大多由城市公司副职及以上职位人员担任，监理单位分区负责人由项目经理以上职级人员担任，建设单位分区负责人由项目主任级以上人员担任。EPC总承包单位负责组织各分区的工程实施和资源调配，监理单位及建设单位负责监督检查各分区进度和资源调配情况，并协助进行资源调配。为有效推动项目进度目标的实现，三方管理人员下沉到一线，通过现场沟通、决策和执行的方式，解决现场发现的影响进度的问题，形成了三家单位共同管理分包的局面。

3. 关键工程专班化管理

为加快项目进度，针对具有较大进度压力或对其他工序产生较大影响的关键工程（如负压、医技、市政、金属屋面、化粪池、厨房等），建设单位项目组、EPC总承包单位和监理单位均成立了专班进行管理。这些专班通过重点关注施工进展和资源供应情况，共同解决和协调施工过程可能出现的问题等方式，确保关键工程能够按时完成，以避免对整个工期造成延误。

4. 两次变阵，进度目标完成的关键之举

第一次变阵为采用优先保障医院一期工程的思路。受疫情影响，一期施工面临资源配置不足、难以按照预期进度完成工期目标的问题；且一期与二期的开工时间仅相差3天，其施工内容及所需资源几乎没有差别。而方舱医院也在同一阶段开始施工，对道路资源造成了极大挤压。为确保一期工程的顺利实施，2022年3月26日前后，项目决定将材料、人员、道路等资源向一期倾斜，优先保障一期工程，延缓二期和方舱的施工。

第二次变阵为采用EPC总承包单位兜底的思路。原因主要有两方面：第一，项目一期面临着前所未有的挑战，需要在30天内完成500床的负压病房及相关配套服务设施。第二，项目外部疫情对现场资源投入造成了重要影响，EPC总承包单位的市政分包已无法增加人员和资源投入。若完全依靠EPC总承包单位的市政队伍，则无法完成工期目标。鉴于EPC总承包单位存在闲置资源，建设单位协调专班，采用兜底的形式来开展现场工作。将一期及一期宿舍进行地盘划分，由工程局进行市政工作兜底。建设单位、EPC总承包单位、监理单位根据区域进行组织架构调整，三方共同监督各工程局的工作，并协调各分区之间的资源共享。这一变阵极大地推进了现场的完工进度，确保一期工程顺利完工。

变阵情况如图6.1-1所示。

6.1.3 管理措施

1. 政策保障，专班领导

按照相关的抢险救灾工程管理办法的规定，基本建设手续可以在开工后完善，各有关部门应在法定职权范围内简化相关审批程序。在政策支持下，建设专班于2022年3月6日0时完成了临时钢栈桥搭建，5时完成了现场的全面消杀工作，6时第一批管理人员200余人、工人1700余人、设备101台进驻现场，正式开始施工。

图6.1-1 变阵情况示意图

建设单位、卫健委、国资、住建等41个部门，组建了应急医院项目建设专班。建设专班第一时间明确建设目标，同意搭建临时钢栈桥，以避免项目建设进度受到手续办理的影响。

2. 简化程序，快速发包

如果按照常规招标投标程序开展公开招标，则无法满足项目建设工期目标要求。根据抢险救灾管理办法，直接委托EPC总承包单位。同时，借鉴以往应急项目发包经验，项目建设单位对工程计价模式和择优竞争定标标准进行了优化，并直接委托监理单位。

3. 预先谋划，计划先行

根据建设任务要求，EPC总承包单位向公司全国各大区抽调人员组成了计划管理专班，对接各工区进度安排。计划专班于2022年2月21日开始开展相关工作。2月22日，确定应急医院一期一级计划节点；2月23日，完成二级节点细化，初步挂接劳动力和资源计划；过程中不断优化与调整，于2月25日形成初版完整计划。建设单位各部门以及各参建单位对EPC总承包单位的施工计划进行集中审查和优化，并在确定总进度计划的基础上，进一步细化各分区及各专业的施工计划，同时根据"简单化、可视化"的原则编制了资源配备计划（人材机计划）。会议评审后直接"计划上墙"，以充分保证每个节点的权威性和严肃性，确保总进度计划不可突破。计划管控采用PDCA（计划、执行、检查、处理）工作原理，每日对计划进行检查、执行、纠偏，以确保计划的有效实施。

4. 内外问题，联动解决

项目协调机制是优化资源配置效率和落实项目管理工作的关键。该机制在抢险救灾工程中发挥了重要作用：外部协调有助于创造良好的工程推进条件，内部协调有助于创造良好的合作氛围。外部协调方面，建设单位工作指挥部作为协调枢纽，承上启下、内外联动，协调外部建设条件来满足项目日常建设工作需要，解决项目建设手续办理与施工交通保障方面的问题。内部协调方面，项目现场联合指挥部作为主要枢纽，协调土建、箱体制作吊装、机电安装、医疗工艺、室内精装修和室外总体等工序穿插作业，协调施工现场各单位场地工作面、机械设备安排、劳务队伍分工，协调建设单位与使用单位之间设计与需求的匹配以及场内外疫情防控的相关工作。

5. 日报机制，信息畅通

指挥部在合理利用专业进度管理工具的同时，建立了日报清单机制，迅速确定了"专班日简报+项目组日报+商务日报"的报告体系，并明确各报告结构、内容和数据来源。监理项目组结合指挥部的日报清单机制，组建了计划统筹组及综合协调组，全面收集各方信息数据并进行汇总，编制日报及专项汇报文件，并提供专业评判意见。

同时，指挥部结合项目不同阶段的特征和需求，动态调整报告内容。围绕进度管理和组织施工，编制了施工现场工程动态、材料设备采购动态、构件/模块加工生产动态等日报清单，完善了进度信息和问题汇报机制，并及时上报建设进展和重大问题，以实现快速反馈和及时决策。

6. 方案制定，研判预警

针对项目涉及的重大组织管理、工程技术及风险进行梳理、研究和筹划，形成统筹方案、策划方案和实施方案。此外，每天收集和整理可能对项目进展产生影响的重大问题，并迅速做出决策，确立相应的应对方案。

7. 任务细化，事项销项

应急抢险工程应根据任务的紧迫性和政府相关指令确定进度目标，采取"倒推法"明确各项关键工作的完成时间节点，必要时精确到小时。确定节点后，项目应用结构化分解技术对各阶段建设任务进行细化，形成工作任务清单和具体计划。考虑到工期目标是关门目标，绝对不能延误，因此必须开展事项销项管理，以确保计划的执行力。

（1）任务分解与计划编制

任务分解是计划编制的基础工作。应急抢险工程的任务分解宜细不宜粗，应将建设任务分解为项目准备、项目组织成立、工程设计、现场场地准备、地基处理、箱体制作及吊装、钢结构加工及施工、门窗安装、设备安装、屋面施工、室内安装、装饰工程、室外总体等环节。项目任务分解计划如表6.1-1所示。任务清单完成后，根据资源投入情况和各工序的工艺逻辑编制进度计划，确保专业分工与计划衔接明确、合理。

项目任务分解计划（节选） 表6.1-1

分区	工作内容		单位	总工程量	3月9日	3月10日	3月11日	3月12日	3月13日
A1区	结构施工	钢支墩安装							
		计划当日完成	个	1336	267	267	267	267	
		计划累计完成	个		535	802	1069	1336	
		当日完成	个		270	280	260	40	210
		累计完成	个		480	760	1020	1060	1270
		箱体吊装							
		计划当日完成	个	584				83	83
		计划累计完成	个					83	166
		当日完成	个					0	0
		累计完成	个					0	0
		屋面钢梁/钢柱安装							
		计划当日完成	m²	9600					
		计划累计完成	m²						
		当日完成	m²						
		累计完成	m²						
		屋面层安装							
		计划当日完成	m²	9600					
		计划累计完成	m²						
		当日完成	m²						
		累计完成	m²						

（2）作业资源供应落实

施工作业所需的劳动力、材料、构配件、设备及施工机具、水、电等生产要素的供应需均衡，尤其在需求高峰期时应有足够能力支持施工计划的实现。现场联合指挥部应全程跟踪材料设备供应，确保到货材料满足要求，避免安装后不必要的返工影响工期；若发现资源供应问题或隐患，必须第一时间协调解决，并同步汇报至指挥部。对于现场联合指挥部无法解决的资源调配问题，应及时提请指挥部予以协调调度。项目人材机调配计划如图6.1-2所示。

（3）任务清单销项

大规模应急工程的参建队伍来自全国各地，缺乏密切合作经验，各单位之间尚未充分磨合即需开展项目。因此，采用挂图作战、清单销项机制，明确项目任务，使各单位直观了解总体目标、自身职责和交叉配合内容，提升工作的执行力。利用任务清单挂牌，每日落实任务的分工、交底和资源调配，并通过现场联合指挥部日例会来落实责任人。

（4）定期检视和动态调整

项目要求每天上报进度计划执行情况，包括完成工作量、百分比、进度提前或滞后

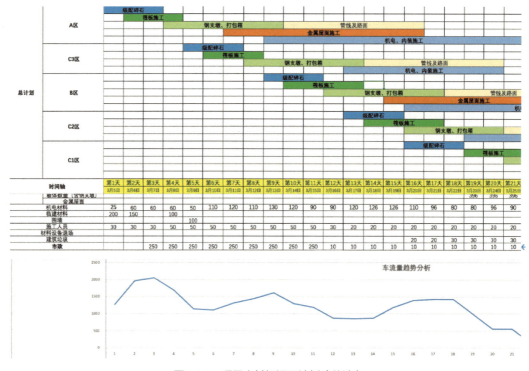

图6.1-2 项目人材机调配计划（节选）

比例，及时分析进度执行情况及其问题，并预测进度风险，提出改进措施。项目现场联合指挥部每日统计人材机投入情况，并与进度进行对比分析，及时纠正问题；通过建立日报制度、标准表格，第一时间收集现场各方信息，解决参建单位的实际问题；根据现场进展，及时调整和补充任务清单；针对每天发现的新问题，提出解决方案并列入任务清单，明确完成时间和工作内容，跟踪责任人的执行情况。随着工程进展，逐项消除任务清单上的工作任务，并补充新发现的工作任务，持续更新和迭代，直到所有任务销项完成。

（5）"三图一曲线"的应用

为有效控制进度，项目根据PDCA的工作原理编制了网络计划图、进度计划甘特图、工程计量矩阵图与形象进度曲线，如图6.1-3所示，明确了项目的节点目标。考虑到项目工期紧、体量大、变化快，根据节点目标将项目按天进行细化，即对每天需完成的工作进行分解。由EPC总承包单位每天申报进度，监理单位对EPC总承包单位申报的进度进行核实，并以天为单位编制矩阵图和形象进度曲线；根据"三图一曲线"及任务分解表，找出实际进度与进度计划之间的差异，进而分析出现场进度的发展趋势，并进行纠偏与输出。

8. 内外兼顾，统筹两线

打包箱是本项目的主要构成部分，只有在箱体制造与安装完成后，后续施工才能进行。由于工期紧迫且任务繁重，需要同时加强加工厂和现场两线管控，并根据项目整体推进计划和现场实际情况，合理安排各加工厂的排产计划。为确保箱体生产处于可控状态，建设单位、监理单位、EPC总承包单位安排专人常驻打包箱拼装场地，对打包箱的生产情况进行实时跟踪。拼装场使用"三图一曲线"进行进度管理。此外，拼装场严格执行日报制度，每天11时前、23时前，分别报送前一天21时—当天9时、当天9时—当天21时的拼装和发运完成情况。同时，现场与拼装场实时联动，及时向加工厂反映现场需求。箱体拼装情况、箱体发运情况及加工厂每日情况汇报如图6.1-4～图6.1-6所示。

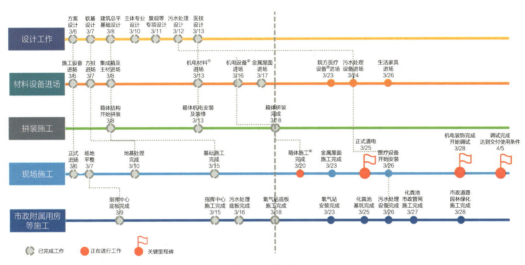

（a）项目网络计划图示例

（b）项目进度计划甘特图示例

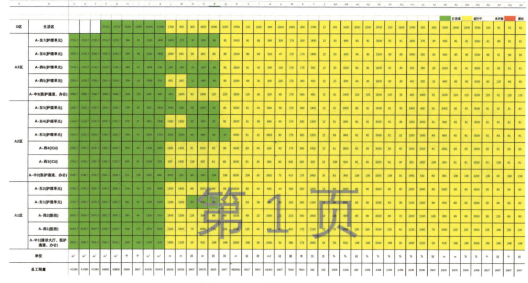

（c）项目工程计量矩阵图示例

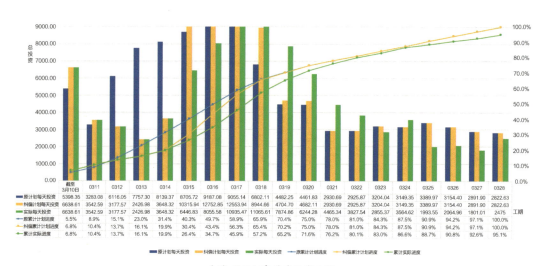

（d）项目形象进度曲线示例

图6.1-3 项目"三图一曲线"应用示例

9. 加强交通疏导

项目通过设立交通专班、设置交通管理人员、制定管理规则等措施，在确保现场交通顺畅方面取得显著成效。项目高峰期日进场车辆最多达2880多辆，最少也有500余辆，平均每天进场车辆1300余辆。在整个施工过程中，尽管有交通堵塞发生，但堵塞时间不超过1小时。

（1）EPC总承包单位设立交通专班。为保证24小时交通疏导，采取早晚两班倒制度，白班工作时间为7:30—19:30，晚班工作时间为19:30—7:30。班次交接时进行重点注意事项的详述与交底，确保交班顺利衔接。为保证车辆有序进场，主要控制口岸、桥尾、桥头、缓冲区四个点。口岸设置了交通与防疫两层关卡，只有经过车辆申请和司机

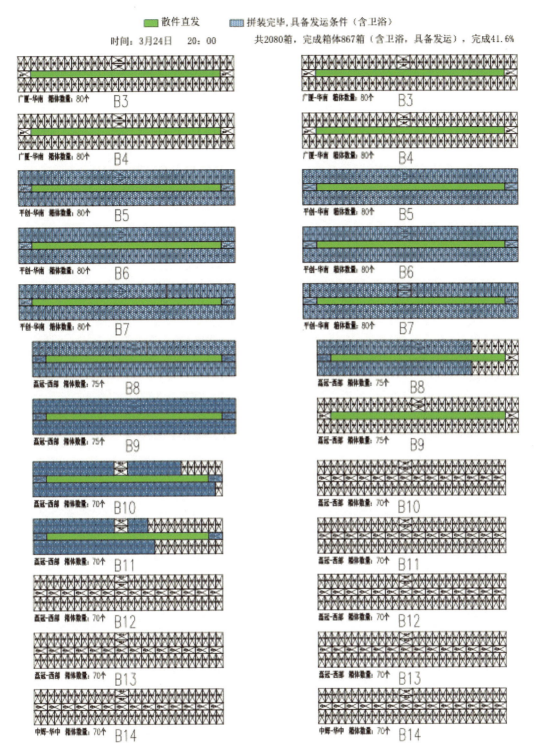

图6.1-4　方舱箱体拼装情况示意

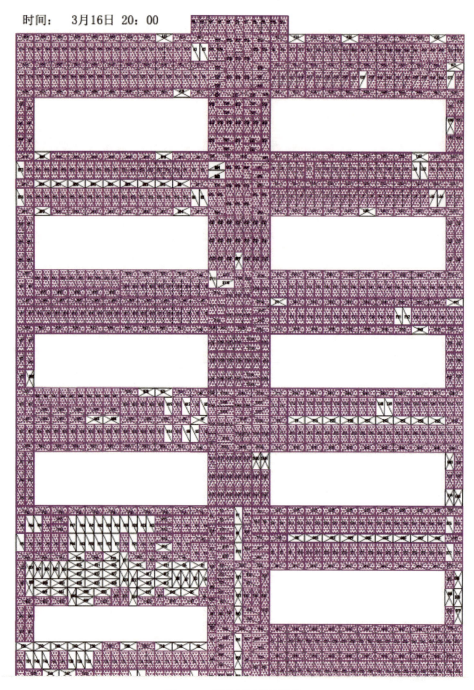

图6.1-5 箱体发运情况示意

标段	箱体总数	3月3日15:00之前箱体累计安装情况									9:00~15:00发货到货及安装量统计			3月3日安装计划				
		标段	总数		发货	到货	拼装	墙板安装	机电	装修	机械设备	人员	发货	到货	拼装	发货计划	拼装计划	墙板安装计划	机电安装计划	装修计划
			工厂直发	拼装场拼装															
4（北京浩石166加高箱）5（中建科技217加高箱）	383	4	/	166	166	/	/	/	/	/	50t汽车吊3台、25t汽车吊2台	55	/	/	/	0	30	0	/	/
		5	92	125	108	108	62	/	/	/		35	/	/	22	12	50	18	/	/
6（中建机械190加高箱）7（中建机械220标准箱）	410	6	91	99	120	20	20	/	/	/	50t汽车吊1台、25t汽车吊5台	103	/	20	51	/	/	/	/	/
		7	36	184	240	150	131	/	/	/			/	/	/	40	40	/	/	/

图6.1-6 加工厂每日情况汇报示意

实名登记才能进场。为保障急需物资进场，口岸到钢栈桥区域设置了应急车道、混凝土专道、普通车辆通道、出场通道四个通道，其中混凝土专道还用于急需物资（如沥青、种植土、箱体）的运输，应急车道主要用于救护车、救援车、餐车等的运输，有效保障了生活和施工双向贯通。此外，交通专班还负责道路维护及交通救援工作，在不到两个月的时间内参与了107次救援和大量的修路工作，为现场物资运输提供了帮助。

（2）在场内主通道设置交通管理人员。管理人员需详细了解施工进度和所需物资的种类，对工区的车辆进行分流。在场内的车辆达到饱和前，通知桥头和缓冲区停止放车，待车辆卸车出场后再通知放车进场，以达到进出平衡并保证场内有足够的空间。因施工现场变化莫测，交通疏导路线基本每天都在更改，这对交通疏导无疑是巨大考验，导致交通管理人员无法对每个司机进行有效交底，只能将自己当成红绿灯、指示牌，进行封路、指引等工作。

（3）交通组制定了"十不准"管理规则。为规范司机行为，交通组在场外向各运输单位进行管理规则交底。执意不服从指挥、超速行驶或逆向行驶的司机将被拉入"十不准"（不准超速行驶，不准超车、加塞，不准撕封条下车，不准逆向行驶，不准占道卸车，不准冲关冲卡，不准随意停靠，不准拒绝现场交通指挥，不准随意鸣笛，不准开车接打电话）管理的黑名单，无法申请进场，这也是交通管控的有效方式之一。

10. 统筹总平，市政先行

项目高峰期资源投入多，但场地周边无生活、办公场地，因此所有的材料堆放及生活、办公均要在施工场地内完成。如果总平面布置不合理，将导致作业面无法展开、人员窝工、工期滞后等问题。为确保总平面有序管理，项目成立了平面管理专班。专班设立目的是统筹建设期平面布置，具体包括：做好环形交通、堆场设置、围网监控、清障施工等布置；实现集中办公和匹配工区的分散式办公结合，按照"（近）零库存"原则为各参建单位分配办公室及材料、设备堆场；统筹组织地区交通、停车卸货等事项，确保物流畅通；统筹现场分包资源，合理调配现场人材机，减少窝工与人员不足；统筹协调分包间工作面，保障现场施工有序开展。此外，平面管理专班需要与现场施工紧密结合，每日更新平面布置图，及时调整现场布局。为确保总平面畅通，要明确各工区责任人，并在堆场内划分分包责任区；需做到材料堆码整齐、标识清晰、护栏围蔽，并严禁占道。另外，为确保全场土方清理以及临建清场的效率，由平面管理专班统一兜底处理。

市政先行也为项目实施提供了重要支持，主要涉及以下三方面。

（1）以市政计划可视化和量化为抓手抓进度。通过跟踪市政施工进度，结合航拍图，分析当前的施工状态。用不同颜色的笔在总图上标注管网、道路，并计算每条道路的工程量完成情况，从而粗略统计市政的完成进度。通过市政可视化，分析道路运输对箱体施工的影响；利用市政工程量的量化分析，评估市政进度的风险。

（2）强化市政沟通机制，聚焦市政大局大势。市政具有把控难、影响大、计划多变的特点，其施工不可避免地会影响道路运输和箱体作业，从而影响整个项目的进展。因此，如何利用市政专项计划解决市政进度、道路运输和专业碰撞等问题成为项目建设的关键。在市政进度方面，根据运输条件和室内作业进度，动态调整市政计划，避免交叉作业对市政计划的影响；及时向各工区进行市政计划的交底，以便工区做好施工安排，例如材料提前储备和设备提前到位等。在道路运输和专业碰撞问题解决方面，将市政计划结合平面管理，以不影响道路运输为目的，做好大局部署。市政组与平面管理专班及各工区加强沟通，根据总图梳理多条环形路线；先修支路，再修干路，确保现场交通顺畅。例如，方舱暂缓了B2和B19两栋宿舍施工，预留了通往东侧的道路；当化粪池南侧道路施工完成并形成新的环形路后，再开始B2和B19宿舍施工。

（3）成立市政销项小组，重点解决劳动力问题。市政工程的收尾阶段极具挑战性，其原因主要涉及以下三点：一是市政工程三分之一的工作量都集中在收尾阶段，因此市政收尾容易出现抢工状态和质量问题；二是市政工程的成品常遭到严重破坏，如车辆通行和道路清洗导致路缘石多次破坏、草皮多次复绿以及电井杂物堆积；三是工人在前期抢工后常出现疲态，不愿意进行收尾工作。此外，劳动力紧缺也导致市政收尾计划难以执行。为加快市政收尾，项目成立市政销项小组，同时采取两线并进的工作思路。计划专班将剩余工程量清单化，工程量清单责任化；市政销项小组每日根据清单进行收尾闭环，每日动态查销项并通报。此外，为满足劳动力需求，需要优先压实各分包临时增加突击队销项。在分包作为不突出时，EPC总承包单位牵头增加全能工，负责市政各线条的收尾工作。

6.1.4 技术措施

1. 设计优化提高效率

为保证工期，本项目采取大量优化设计，以提高装配率和预制率。首先，充分利用立体作业空间，从设计优化的角度提高施工效率、节省施工时间。例如，如图6.1-7（a）所示，设计中抬高了箱体底部空间，将大量机电管线设置于架空层，快速敷设管线，从而解决了因箱体内部空间狭小而导致的施工作业面拥堵和效率降低等问题。其次，尽量采用便于快速实施的材料及设备形式。例如，如图6.1-7（b）所示，使用PVC-U管道代替传统镀锌钢板作为风管，减少施工工序，大幅缩短了施工时间；如图6.1-7（c）所示，消防泵房和生活水泵房采用一体化集成泵站，减少施工箱体和设备安装的工序，从而减少施工时间。此外，由于化粪池基坑所在区域的土质条件差，原提升泵井区域在开挖的过程中出现了基坑形变，无法满足短期内的安全施工要求。因此，项目组迅速组织咨询设计管理团队，根据现场反馈连夜研讨，在满足规范和正常使用条件的基础上修改了设计方案，最终减少了化粪池个数，并调整了污水提升井位置（避开淤泥区域）。这为现场按期完工交付提供了适宜的设计条件。

（a）管线箱体下部敷设

（b）风管采用PVC材质

（c）采用装配式泵房

图6.1-7 项目优化设计示例

2. 新型建造技术支持

项目采用模块化集成建筑技术，为实现快速建造提供技术支撑。运用模块化集成建筑技术，可将建筑物的结构、内装与外饰、机电、给水排水与暖通等90%以上的工序在工厂内集成，如图6.1-8所示。现场仅需进行吊装、处理模块拼接处的管线接驳及装饰等少量工作。模块化集成建筑技术极大地减少了现场作业量，缓解了高峰期资源需求和作业面冲突的问题。

（a）成品箱体吊装

（b）拼装场箱体内机电安装

图6.1-8　模块化集成建筑技术应用

6.1.5 经济措施

1. 总承包商内部激励

在EPC总承包单位的每晚内部碰头会上，对当日计划执行情况最佳的工区及专业线进行表彰，并颁发流动红旗及现金奖励。活动现场如图6.1-9所示。

2. 合作单位激励

通过召开誓师大会，与合作单位签订履约"军令状"，明确节点目标及节点奖励。主要措施有：①根据各合作单位的表现情况，采取相应的奖惩措施。对于表现突出的合作单位，发放锦旗及感谢信，以资鼓励。对于不作为单位，采取约谈、处罚等问责

图6.1-9　活动现场

机制，压实分包责任。对于响应迟缓、管理松懈、资源组织不力的单位，进行高层约谈，并签订责任状，要求高管每日驻场蹲点，以提高资源调配速度，促进现场履约。例如，针对卫浴整改严重滞后而影响到机电施工的情况，约谈其法人现场驻点，直到整改完毕。②采取经济激励措施，激发分包活力。当前置工序滞后导致后置工序工期压缩时，可采取经济手段激发施工活力。例如，医院A区金属屋面未完成，下雨出现渗漏，导致医技区医疗专项无法施工，甚至影响了医疗单位2天的进度。为解决该问题，EPC总承包单位设立了医技专项节点奖，成功激发了医技单位的活力，确保了医疗验收按时完成。

6.2 投资目标管理

6.2.1 投资目标

项目的投资目标是在合同约定的金额范围内，有效控制投资并确保最终决算控制在政府批复的投资总额内。具体目标如下：①逐步细化投资估算科目、预估竣工结算总价，并动态掌握投资的变化情况。②及时调整投资计划，确保工程投资能够满足项目实际施工需要，并且最终决算不超出政府批复的投资总额。③以高效的投资管理措施，确保项目在经济效益和财务目标方面达到可持续的结果。④注重项目的可持续发展和社会效益，通过合理的资源配置和环境保护措施，努力实现投资回报和社会责任的平衡，为社会创造持久的价值。

6.2.2 组织措施

为确保工程建设质量并实现建设目标，项目采用了"IPMT+EPC+监理"的建设管理模式，生产组织采用矩阵式管理，充分发挥"IPMT+EPC+监理"三线并行的优势。例如，商务组由建设单位、监理单位、咨询单位、EPC总承包单位等联合组建，各单位派驻有应急项目经验的人员参与商务工作。这些商务人员均有较强的执行能力，为项目的快速推进奠定了坚实基础。商务组执行组织架构如图6.2-1所示。

6.2.3 管理措施

1. EPC总承包合同计价模式

项目作为疫情高发时期的抢险救灾应急工程，其建设事项刻不容缓。因此，项目在尚未确定计价原则的情况下，通过委托的方式确定了承包人。由于无法通过竞价形成有

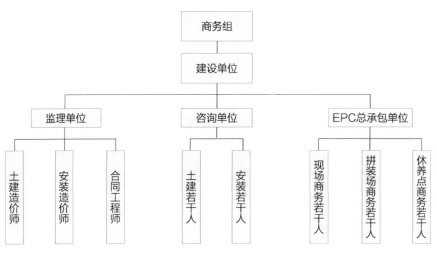

图6.2-1 商务组执行组织架构

价格的工程量清单，计价原则只能在项目实施过程中确定，即根据工程进展及实际费用情况进行不断测算，内部逐条讨论，同时口头和书面征求住建、财政部门的评审意见，最终形成与项目工况及上报的投资估算金额相匹配的结算原则，以确保投资在合理可控的范围内进行结算。

项目建设期间面临着短时间内投入大量人力、物力及筹备资源的困难，以及人工成本大幅上升、材料费用和运输费用增加、工期紧张、跨境施工难度大、防疫政策不断变化等挑战。而计价原则必须最大限度地还原项目成本的真实性，并兼顾可操作性。但在此背景下，现行定额无法适用于计价原则的确定。因此，项目最终形成了"以清单计价为主、按实计量为辅"的原则，并通过在建设过程中实测人力和机械成本来调整消耗量方式，进而弥补与定额消耗量之间的差距。

应急抢险背景下的计价重点难点包括以下方面。

（1）估算的准确性

在复杂的施工背景下准确编制匡算是抢险救灾项目的首要难题。本项目受疫情影响，任何政策的变化都会给投资额增加巨大的不确定性，同时，项目需要在极短的时间内完成匡算的编制工作。如果不能将设计要求、外部环境、政府政策等因素及时传递给造价人员，就无法全面掌握匡算编制的基本条件，进而影响匡算的准确性。

（2）极限工期下的商务及招采

"快"：本项目的建设工期被极限压缩，总工期压缩率达到92%。应急医院一期定额工期约541天，实际工期37天；应急医院二期定额工期约416天，实际工期30天；方舱医院定额工期约326天，实际工期35天。

"超"：人员、材料、机械都是超常规投入，并且管理成本较常规工程增幅大（高峰期每日劳动力投入约21000人，累计约48000人参与项目建设），因此不能像常规项目一样组织流水施工。

"急"：边出图边施工，紧急招采多。多个设备采购项目（如医疗专项工程、污水处理工程、厨房工程等）具有长周期，但为了缩短工期，从完成出图到资源确定进场的采购时间被极限压缩，由平时的50天压缩到5天内，甚至最短时间要求是3天内。此外，还存在多项临时增加的人材机需求，需要当天提需求当天进场。

"严"：疫情防控底线要求下，资源进场难。为确保项目的平稳施工并防止疫情传播，对工人和车辆进场实施了严格的防疫措施，包括：检查工人来源地、在当地核酸连续检测天数、行程码是否带星号等。然而，符合要求的资源相对较少，导致资源协调的工作量成倍增加。

"堵"：由于地理位置特殊，海量的材料、机械只能通过一座钢栈桥进出，这给施工带来了困难，也增加了采购的压力。因此，需要更多的外部储备、应急预案和紧急协调措施。

（3）认质认价难度大

参建单位包括1家EPC总承包单位，约206家专业工程分包单位及主要材料设备供应商，材料设备涉及土建、给水排水、通风空调、强电、弱电、医疗专项六大类，共计2000余种。因此，材料及设备的采购成为保障工程顺利完工的重要条件。然而，由于市场材料紧缺，价格受到较大影响。在短时间内高投入和市场环境双重因素的影响下，材料设备的询价定价面临巨大困难。此外，下列情形也增加了财政审计的风险：一是总价近15亿元的材料需进行认价，但缺少具体操作流程和管理办法；二是参建各方对认价标准的要求，以及对极限工期下应急项目的属性共识存在认知差异；三是应急项目按常规项目要求进行询价认价，需要额外考虑应急项目因素，但应急因素很难量化。

（4）品牌一致性难把握

项目所需材料量大且市场缺少现货，造成建设单位所参考的品牌库中的厂家无法满足供货需求，需要放开品牌库。然而，EPC总承包单位涉及数家分包单位，放开品牌库后材料品牌难以统一，同一种材料可能出现多种报审品牌。在后期的材料认价过程中，EPC总承包单位通常会选择对自身有利的材料品牌进行认价，但材料报审品牌、现场实际使用品牌、材料认价品牌的一致性难以确保，这增加了财政审计的风险。

（5）抢险背景下的成本控制

在抢险救灾和极限工期的背景下，项目的资源投入不计成本、不计损耗、超量配置，导致项目成本高于常规项目。此外，施工过程存在诸多不可控因素，增加了额外的不可控费用（如特殊措施费用、运营过渡期费用），均加大了成本控制的难度。

（6）结算资料的完整性

由于抢险救灾工程的时间紧迫，很多过程资料来不及编制或者留底，导致结算阶段的支撑性资料不足，增加了财政审计的风险。

2. 职责分工机制

在项目快速建造背景下，各单位严格按照合同完成履约，职责分工明确、各司其职，是项目得以快速推进的关键保障。

（1）建设单位：全面统筹建设项目的商务工作，督促各单位按合同完成履约并进行最终履约评价，确定投资控制目标，筹备建设资金，为项目的顺利推进提供资金保障。

（2）监理单位：负责设计阶段、施工阶段和结算阶段的投资控制管理工作，包括：审批工程进度款支付、办理现场确认单、定期组织召开造价专题会议、建立投资控制台账、参与结算管理、配合财务办理竣工决算。

（3）造价咨询单位：为项目提供造价咨询技术服务，包括编制结算原则、编制施工图及变更预算、建立项目全过程动态投资控制台账。同时，提供主要材料数量及价格清单，进行材料认价，办理现场确认单，办理工程竣工结算，最终出具项目投资控制总结报告。

（4）EPC总承包单位：根据建设单位确认的投资控制目标进行限额设计，及时编制施工图预算，整理并报送主要材料及设备数量价格清单，及时申报工程量现场确认单，按实际施工绘制竣工图，编制并报送竣工结算。

3. 例会制度

为提高各单位之间的沟通效率，项目建立了材料设备认质定价专题会议、结算专题会议、造价部内审会、结算争议协调会议、每日碰头会等制度。其中，每日碰头会由商务组在每天17时召开，主要汇报当天的工作完成情况及明日工作计划，同时逐步分解近期工作，并推行各项商务工作责任到人，专项对接。会后以会议纪要的形式如实记录例会讨论出的问题解决方法及结果，以推进商务工作。

4. 审计沟通与及时报备机制

项目具有抢险救灾的特殊性，导致计价的原则异于常规项目。例如，在疫情期间，人工费成本增长；由于工期紧迫，需要投入大量的人力和物力，导致人工机械的实际投入远超定额的消耗量水平；由于交通限制等原因，材料及设备的运费也有所上涨。针对这些情况，需要在项目建设过程中不断搜集真实信息，撰写工程汇报材料，及时告知审计机构项目的最新动态，为加快EPC合同签订和顺利完成结算工作做好准备。

6.2.4 技术措施

1. 投资管理

项目采用匡算控制预算的方式，实现投资管控效果，并在逐渐完善方案设计图纸的过程中，细化投资估算科目。根据施工图预算以及预估施工图纸以外的特殊费用，预估竣工结算总价，动态掌握投资变化情况；根据实际施工进展及工程内外情况的变化，修正预估的结算总价，并与投资控制目标进行比对，以确保工程投资得到有效控制，并且最终决算不超过政府批复的投资总额。

2. 前端后台协调联动

按照前端+后台的组织和工作方式进行总体部署。前端主要由各单位的驻场造价师负责，后台则由各专业造价师提供技术支持。围绕类似项目的建筑经济技术指标和方案设计选材、设备选型开展市场询价调研，并预估投资总额。配合施工图设计进展，实时动态进行施工图预算测算、对比、调整和优化。同时，研判技术经济指标及投资总额变化趋势和程度，为投资控制提供依据。

3. 实时统计人工、机械数量

商务组采用清单计价模式来制定合同结算原则，发现由于施工区域的特殊性以及疫情导致的价格上涨，导致人工和机械的定额含量与信息价无法平衡。因此，项目建设开始时，各参建单位的商务管理人员共同建立了人工和机械统计管理制度，约定每日对现场所有人工和机械使用情况进行统计，分单位、按时段报送。监理单位及咨询单位现场核对真实数量，通过分析人力和机械的投入情况，结合后期施工组织计划，预测人工和机械总成本投入，从而为计价原则的测算积累原始数据，夯实基础。

4. 材料设备认质定价、多方询价

材料设备认质定价工作由建设单位、监理单位、咨询单位、EPC总承包单位等定价组成员参与。价格确定后，定价小组签字确认，及时报财审中心备案。最终结算价格需结合采购合同、发票、银行流水等确定，并以财审中心审定为准。

商务组在采购谈判中深度参与，力求实现采购的公开化与透明化，有效控制成本。为了有效处理材料设备的询价定价工作，一是要严格把控材料设备品牌报验，整理报验台账；二是要积极进行市场调研与材料询价工作，及时了解各种材料设备的市场行情，并编制询价表。通过对三个以上品牌的材料设备进行询价，并与类似项目定价结果进行对比分析，评估EPC总承包单位报价的合理性。同时，通过同种材料咨询不同供应商的报价来平衡价格，对报价的合理性进行评估，并发表谈判意见，以实现对材料设备价格的控制。

5. 重视措施项目投资控制

在施工阶段，严格审批施工组织设计和专项施工方案。鉴于技术人员在审批方案中可能缺乏成本控制意识，造价人员也参与了技术方案的审核，以确保方案在经济性和适用性方面得到复核。

6. 制定材料设备采购管理办法

本项目属于应急抢险项目，需要首要考虑进度问题，并且不能按照正常的建设单位采购程序（品牌报审→采购合同→进场报审→进场验收→见证取样→检测报告→同意使用）进行。因此，制定专门的采购管理办法是非常必要的。项目重点解决了采购程序问题，并明确了异常情况下的采购措施。例如，部分材料设备未进行品牌申报或未选用建设单位品牌，其价格是参照信息价确定的，因此可能存在有意选用建设单位品牌库外质量较差品牌以提高利润的风险。为解决这一问题，要求提前和承包人达成明确约定，对未提前申报的品牌进行闭合的品牌复核程序。

7. 收集资料，辅助结算办理

每日收集现场施工资料，并对隐蔽部位的资料进行留底，为日后结算做准备；每日收集材料报审、报验等资料，为后期材料定价做准备；定期收集疫情相关政策文件和新闻，为疫情期间人材机的费用上涨以及防疫费用提供佐证资料。针对特殊项目，例如无相应定额可套取的项目，采用现场及时签证的方式进行计量确认，完成场平土石方、碎石垫层、集装箱的拼装及转运等多项工程签证。

6.2.5 经济措施

1. 编制资金使用计划

为了有效管理建设资金并确保及时支付工程进度款，在项目实施期间，商务组根据施工合同、经批准的施工组织设计和施工进度计划，编制了与计划工期、预付款支付时间、进度款支付节点、竣工结算支付节点等相符的项目资金使用计划表。同时，根据工程量变化、工期、建设方资金情况等因素，定期或适时调整项目资金使用计划表。

2. 严格办理签证

在项目初期，组织各参建单位的工程人员和商务人员进行现场商务工作交底，重点强调项目需要办理现场确认单以及措施费用项等情况。商务组对工程签证进行现场监督，以防止虚假签证和舞弊行为。要求所有签证必须有业主指令单或工程联系单，尤其是对于隐蔽工程的签证，要在隐蔽前做好几方现场计量单，并通过附近摄像和拍照等方式收集相关资料，确保签证计量准确性，并及时办理签证。这有助于减少各方在结算中的争议，缩短竣工结算的时间。

3. 工程款支付管理

工程进度款审批是施工过程中的常规工作。商务组根据总承包合同约定的工程计量周期、时间及进度款支付时间等，审核工程计量报告与工程进度款支付申请，所有计量支付均按甲方的规定流程执行。

4. 合同管理台账

（1）建立完善的合同框架体系

基于建设单位现有的完善合同框架体系，开展合同管理工作。服务类的合同签订采用建设单位战略采购协议的合同范本，并严格执行OA审批程序。

（2）建立合同台账

项目合同管理台账主要包括合同编号、合同名称、签订日期、受托单位、合同金额、付款进度、签订方式、有无费用依据、是否超前超额、有无变更等内容。每日工作日报中应统计合同支付情况，并实时更新和汇报资金使用情况。

6.2.6 信息管理措施

1. 统一资料收发口径

为提高信息传递效率，商务组在项目初期即与各参建单位沟通，明确了资料传递机制，统一各单位资料收发口径。此外，还指定了特定对接人员来处理资料的传递，例如设计图纸的传递方式是：EPC总承包单位的设计院→监理单位的设计管理部门→监理单位的造价板块→专人以邮件形式发送给咨询单位，以避免图纸传递错漏，并确保各单位使用的图纸版本一致。

2. 建立项目信息台账

商务组及时建立了图纸收发台账、材料及设备品牌报验台账、材料设备认价资料收发台账等，用于实时记录并反馈工作进度，反映问题及问题的处理结果，以确保各项工作有序推进。

3. 资料归档管理

根据档案管理部门要求和项目管理实际情况，对项目档案进行分组管理，以满足档案验收、竣工结算及后期运营管理要求。项目管理人员通过日报形式向建设单位汇报工程建设情况，通过会议纪要形式如实记录问题解决方法及结果，并通过收发文记录跟踪文件，做到信息资料真实、准确、可追溯。

6.3 质量目标管理

6.3.1 质量目标

项目质量应符合国家、广东省现行的相关法律法规、规范和技术标准，以及设计文件、招标文件和合同文件中约定的技术要求和工程质量标准。工程质量应符合国家和广东省现行的工程质量规定以及不低于各专业工程质量检验评定标准的一次性验收合格水平，并达到《建筑工程施工质量验收统一标准》GB 50300—2013的合格标准。合格标准指的是符合国家、行业、地方建设工程验收标准以及建设单位标准。

6.3.2 组织措施

1. "IPMT+EPC+监理"三方联动的质量保障小组

推行"IPMT+EPC+监理"建设管理模式，为项目质量目标管理提供有效的组织保障。IPMT团队由建设单位牵头，联合EPC总承包单位、监理单位等成立质量保障小组。该小组由工程督导处、项目组、咨询单位、第三方质量巡检单位组建。小组将加强现场巡查，落实分区，形成三方联动的质量管控机制，共同高效地管理项目质量。

（1）三方质量责任及工作侧重

为确保项目的工程质量，各主要责任单位采取了相应的管理措施。首先，EPC总承包单位成立了质量管理部，按工作需要又划分为现场组、拼装监造组、内业检验组，并配置专职质量管理人员。其次，项目监理负责工程质量管理和监理工作。监理部在场内及各拼装场分别成立现场组和技术组，负责对设计、施工、拼装制造等影响工程质量的各个环节进行质量管控。最后，建设单位作为工程质量的首要责任方，抽调了工程管理中心、工程以及第三方质量巡检单位相关人员进驻现场，对项目的工程质量进行全过程监督管理。

（2）质量保障小组主要工作内容

质量保障小组每天对现场进行巡视检查，排查质量隐患并提出整改要求，制定相应的整改措施；同时，形成质量隐患立项销项清单，安排专人跟踪落实质量隐患的整改工作，并形成闭环管理。

2. 质量保障小组的工作机制

（1）网格化管控机制

应急医院以鱼刺、鱼骨为单元划分片区，方舱设施及宿舍区以楼栋划分片区，形成网格化的管控格局。一是通过扁平化的组织架构体系，减少管理层级，提高管理效率；二是管理力量下沉至现场一线，联合项目组、咨询单位、EPC总承包单位三方专业小组人员，及时发现并解决问题，确保关键部位和重点环节的监控到位，提升质量管控工作成效；三是各参建单位明确网格质量负责人，落实责任，并进一步完善工作要求及压力传导机制。

（2）驻场监造机制

应急医院项目主要采用打包箱结构，并高度集成了卫浴、灯具、医疗设备带、弱电机柜等多项施工内容。箱体集成的出厂质量是项目质量管理的首要及重要关卡之一。打包箱的拼装及机电系统的集成主要在场外进行。项目在外场开辟了三个拼装堆场，以及市外两个厂家直拼场地。拼装堆场作为应急医院项目的大后方，承担材料设备堆放中转、资料申报、箱体拼装室内装修和机电安装以及编码发运等重要前置工作。箱体拼装工作于2022年3月2日开始，4月16日完成所有箱体发运。为确保箱体拼装质量，建设单位及其委托的第三方质量巡检单位、监理单位、EPC总承包单位均安排质量管理人员常驻拼装场，从材料进场、过程管控、出厂验收等方面，对箱体拼装进行全方位的质量管控。

（3）晚碰头机制

建设单位、EPC总承包单位、监理单位三方根据现场情况，适时进行沟通协商，重点讨论存在的重大问题和主要工作内容。针对存在的问题，共同寻找解决办法；针对重要工作事项，提出技术、质量、安全管理要求。

质量保障小组每天16时组织相关单位举行质量例会，会议讨论质量风险点，要求EPC总承包单位在巡检报告发出第二天回复闭合，并将整改情况回复给监理审核，以确保整改时限，避免EPC总承包单位因施工节奏快导致无法及时整改隐蔽。同时，汇总质量问题，并根据瑞捷分类标准将问题划分为以下三类：A类，影响结构安全性、系统性使用功能；B类，与规范和设计不符，存在渗漏隐患但不存在系统性的工程质量及结构缺陷等；C类，质量观感类问题。质量保障小组对各类问题进行深入分析和讨论，以提高其整改率。

建设期间，质量保障小组共进行质量检查94次，发现质量问题1286条，其中A类问题0条，B类问题366条，C类问题920条，整改1283条，整改闭合率99.77%。共召开日碰头会94次，形成日报清单94份，出具质量风险建议书94份，编制质量周报9份。每日质量问题条数从波峰的30条逐渐下降到低谷的6条，呈逐渐递减趋势。在现场进行质量评价打分6次，共发现质量问题393条，其中B类问题56条，C类问题337条，整改闭合率100%。

6.3.3 管理措施

1. 现场人员质量交底措施

（1）联合EPC总承包单位对班组的早交底

为了有效落实每天的工作计划并明确工作要求，各分区监理会同EPC总承包单位、分包管理人员每天对当天的主要工作内容进行交底，监理方对重要工作事项提出技术、质量、安全管理要求。通过交底，施工方能够明确现场施工的注意事项，监理方则能明确当日工作检查的重点部位。

（2）项目参与各方内部交底

监理单位选择技术能力强的设计管理人员及监理人员，组织现场监理工程师熟悉设计图纸，并对各专业和各工序的要求与标准进行讲解。现场监理工程师需熟悉多专业知识，对图纸做法与现场实际做法进行现场教学，提升一专多能的素养。这也能避免在单靠某一专业人员或某一人的情况下，因其管控疏漏造成的问题，确保现场施工质量。

EPC总承包单位在每一道工序施工前，参与施工的技术人员和工人应充分了解其承担的工程任务、特点、技术要求、施工方法、工序交接及与其他工种配合情况。因此，各分包进场时，质量部需到现场对管理人员及工人进行质量交底，避免工程施工返工，从而显著提高工程质量及进度，提升工程品质。

2. 施工工序质量控制措施

（1）材料进场验收及取样送检

为确保工程质量，在项目合同签订阶段即要求优先选择建设单位品牌库产品，从源头保证材料质量。为确保进场材料质量满足要求，EPC总承包单位与监理单位成立材料组，对到场的材料进行24小时的随到随验收，确保进场材料品牌、规格尺寸满足要求。此外，针对材料复检问题，材料组在验收材料时会先取样封存，按天数进行集中送检。同时，第三方质量巡检单位在拼装场及应急医院项目安排专人对现场材料验收及复检情况进行平行检查。

（2）多方联合巡检，严格执行"三检"制度

实行工序多方联动管理制度，确保质量处于受控状态。首先，施工方及时协调，确保各工序紧密衔接。专职质检员每天三班制进行跟踪检查和验收，控制工序质量；各班实行自检、互检和交接检制度，并特别重视交接班工作。其次，监理方对重要工序进行旁站检查，对工序进行巡视检查、平行检查及验收，以控制工序质量。此外，建设单位组织第三方质量巡检单位带领EPC总承包单位和监理单位的相关人员成立质量专职小组，每日对全场进行专项巡检评估。

（3）加强现场控制，关键工序专项巡查

根据以往应急项目的经验，针对负压调试、屋面渗漏以及室内空气质量检测等问题，建设单位、EPC总承包单位和监理单位联合成立工作专班，并建立了微信工作群进行信息互通。工作专班联合确定实施方案，联合交底，并联合进行跟班旁站作业，确保关键工序的工程质量。此外，针对"两布一膜"、钢支墩加固、钢支墩标高、市政污水管网通畅情况等其他关键工序组织了专项排查（图6.3-1），确保关键部位与关键工序的工程质量合格。

(a)"两布一膜"专项排查　　(b)钢支墩标高专项排查　　(c)钢支墩加固专项排查

(d)胶体材料品牌专项排查　　(e)一期医院室内渗漏排查　　(f)一期医院屋面渗漏排查

(g)金属屋面淋水试验

(h)市政污水管网通畅情况排查

图6.3-1　关键工序专项排查

3. 施工方法质量管理措施

（1）编制质量管控规划

为确保项目的顺利实施，监理单位组织编制了2项监理规划和11项监理实施细则，为过程管控提供了指导，并明确了现场检查验收的标准和依据。EPC总承包单位组织编制了1项施工组织设计和17项施工/专项施工方案。方案的及时编制为现场的组织实施提供了保障，同时也对施工质量标准提出了要求，以确保施工工艺、标准和方法的统一。建设单位组织各参建单位召开专题会，对施工组织设计进行审核。建设单位工程管理中心及工程督导处组织对监理规划、细则以及各专项施工方案进行审查，确保方案与现场实际相符，并具有可行性。

（2）强化第三方质量检测，保证工程质量

针对地基处理、钢结构焊缝、室内环境污染物等施工内容，聘请市检测鉴定中心作为第三方检测单位，全过程监测现场施工质量，以确保检测结果客观、公平、公正。

针对防雷接地、消防检测、污水处理等专项施工内容，在开展自测、自检工作的同时，聘请第三方验收单位进行专项验收，并出具验收报告。

由于项目工期紧、任务重，且项目建成后须即刻投运，为保障入住人员健康并体现人文关怀，项目提前邀请第三方检测单位进入场地，对房间进行空气治理和检测，确保空气满足环保要求。

（3）做好事后总结工作

在项目实施过程中，不断弥补质量缺陷。例如，原医院设计考虑鱼刺部位作为通道，不涉及功能用房，未考虑金属屋面。但实际中，鱼刺间过道位置不仅用于通行，还涉及移动DR室、UPS间、配电间等房间，这些房间均不能涉水。此外，该部位箱体拼缝的防水施工不规范，成为漏水隐患最大的区域。因此，各方组织对一期和二期无金属屋面区域提出防水补强方案，计划在该区域增加一道防水卷材满铺，系统性消除漏水隐患。

实施防水补强前，无金属屋面区域出现多处漏水，渗漏原因包括屋面拼缝防水做法不符合要求、屋面拼缝防水破损等，如图6.3-2所示。

（a）室内漏水情况

（b）屋面拼缝防水做法不符合要求

（c）屋面拼缝防水破损

（d）原屋面效果

图6.3-2　实施防水补强前无金属屋面区域的漏水情况

实施防水补强后,无金属屋面区域未出现漏水情况,如图6.3-3所示。

（a）卷材铺贴　　　　　　（b）丁基胶带收边

（c）卷材铺贴后效果　　　　　　（d）卷材铺贴后航拍效果

图6.3-3　实施防水补强后无金属屋面区域未出现漏水情况

（4）"三查四定"

项目实施过程中,建设单位、EPC总承包单位和监理单位严格按照"三查四定"（查设计漏项、查工程质量、查工程隐患,定任务、定人、定时、定措施）的要求,每日对施工现场质量、进度及设计方面进行检查,形成立项销项清单（表6.3-1）,并进行专项整改（表6.3-2）,确保问题百分百得到整改。

应急医院项目质量问题立项销项清单示例　　　　　表6.3-1

序号	开始日期	完成日期	问题描述	现场照片	是否整改	整改后照片
1	2022.3.16	2022.3.17	A区1箱体安装不垂直、偏位		已整改	
2	2022.3.16	2022.3.17	A区1箱体安装钢支墩标高不足		已整改	

续表

序号	开始日期	完成日期	问题描述	现场照片	是否整改	整改后照片
3	2022.3.17	2022.3.17	A东2箱体拼缝处有高差，不平整		已整改	
4	2022.3.17	2022.3.17	A西1钢柱墩偏位且未围焊		已整改	
5	2022.3.17	2022.3.17	A1东2箱体角柱螺栓缺失		已整改	

注：应急医院项目问题新增0项，共计立项278项，完成273项，余5项，完成率98.2%。

应急医院项目"三查四定"专项整改示例　　表6.3-2

序号	查验区域	当日新增项	当日整改项	累计问题项	累计整改项	累计复核项	累计整改率	累计复核率
1	一期应急院区	17	19	2693	2666	2619	99%	97%
2	二期应急院区	0	4	1011	1005	955	99%	94%
3	医院生活区	12	24	2433	2388	2347	98%	96%
	医院区小计	29	47	6137	6059	5921	99%	96%
4	方舱设施区	0	473	4716	4326	0	92%	0
5	方舱生活区	332	0	491	159	49	32%	10%
	方舱区小计	332	473	5207	4485	49	86%	1%
	合计	361	520	11344	10544	5970	93%	53%

为提升运营方的使用体验和改善患者及医护人员的生活环境，在项目接近尾声时，建设单位组织EPC总承包单位和监理单位进行专项检查与梳理，涉及场内6S、景观、道路等方面。根据梳理情况，完成了多项品质提升内容，包括方舱入院楼广场贴砖、南广场种花、污水处理站绿化、污水处理站西侧沥青、C1方舱西侧人行道平整收面、方舱宿舍金属屋面施工等。

4. 环境质量管理措施

应急医院项目对室内环境有严格的质量要求与标准，按照Ⅰ类民用建筑标准进行分类，并将"以健康为原则，达标兼顾体感"的要求作为管控目标。然而，由于项目工期紧张，室内装饰、机电、给水排水等工序穿插时间短，同时室外市政施工工程量大，给现场室内环境带来许多不可控因素。因此，标准高、时间紧、难度大是项目室内环境控制的主要特点。为更好地推进室内环境监测，建设单位项目组联动监理单位、EPC总承包单位成立35人的空气治理专班，细化到楼层和房间管理，专题研究和落实室内空气治理方案。主要措施如下。

（1）引进环境治理单位

为加快提升室内空气质量，推动室内环境监测工作高效开展，项目积极引进三家室内环境治理单位。根据项目施工进度，及时安排各单位进场，对应急院区及方舱区各房间、附属用房进行空气质量治理工作。

（2）积极对接检测中心

为确保项目室内空气质量满足要求，室内环境监测结果符合规范，项目从成立之初就积极与检测中心进行对接。2022年3月27日，建设单位组织EPC总承包单位、监理单位以及市检测中心召开视频会议，商议驻场检测事宜。同时，对检测人员进场后做好各项服务安排，积极协调各项现场工作，确保检测过程顺利进行。

（3）各方联动、专业配合

为提高室内空气净化效率，项目集中、连续地对各个房间进行光触媒喷洒。为加快消除有害物质，项目调拨了大量烘烤机及鼓风机，通过烘烤机升温"蒸煮"的方式，促进有害物质快速挥发。为加快有害物质的排出，项目利用鼓风机换气、新风系统全开的方式，加强室内外空气流通；通过6小时封闭升温和1小时开门降温换气通风的交替循环以及空气净化处理，确保室内异味快速消除。

（4）环境治理成果

通过各项空气治理措施，最终项目空气质量检测结果为：应急医院区共计135个监测点（A区26个、B区26个、D区83个），检测结果显示，氡、甲醛、苯、甲苯、二甲苯、TVOC、氨七项指标均为合格；方舱医院区共计308个检测点（C1区51个、C2区78个、C3区81个、C4区98个），检测结果显示在上述七个指标上也均为合格。

5. 打包箱验收管理措施

（1）打包箱验收标准

打包箱是应急医院项目的主要结构体系之一，主要用于临建。但其中的机电集成内容较少，缺少较为完善的质量验收标准、流程及资料储备。项目积极与箱体生产厂、机电、装饰等各条线沟通，了解箱体分部验收内容及标准。同时，前往生产厂深入了解箱体制作工序特点,并根据相关标准,结合应急医院的实际情况,编制了本工程的质量验收标准及流程。

(2)打包箱验收流程

模块化箱式房屋的成品及构配件安装后应进行安装质量验收。安装完成后应由安装单位自检,合格后由建设单位组织相关单位进行安装质量验收,只有验收合格后方可交付使用。

(3)打包箱验收内容

①房屋验收。模块化箱式房屋的顶框、底框与角柱之间应连接紧密,所有紧固件应连接到位,不应有遗漏或松动。模块单元之间连接件应连接可靠、无松动。

②电气验收。机电设施安装质量应符合《建筑给水排水及采暖工程施工质量验收规范》GB 50242—2002、《通风与空调工程施工质量验收规范》GB 50243—2016和《建筑电气工程施工质量验收规范》GB 50303—2015的有关规定。电气器具安装完成后,应进行按层、按部位(单元)的通电检查,包括接线、电气器具开关等检查。所有电气器具都必须进行通电安全检查。

③给水排水管道验收。给水排水管道安装应符合《给水排水管道工程施工及验收规范》GB 50268—2008的有关规定。

④其他。屋面工程完工后应按标准规定进行淋水防水性能试验,填写防水工程试水检查记录表。模块化房屋中的主要设备、系统的防雷接地、保护接地、工作接地以及设计有要求的接地电阻应有电阻测试记录,并应附"电气防雷接地装置隐检与平面示意图"说明。此外,模块化箱式房屋还应满足其专用功能指标的要求。

(4)打包箱出厂可视化验收

为确保打包箱的出厂质量,在箱体出厂前,采用可视化举牌验收的方式,严格把控出场标准,为现场施工创造有利条件。

6. 项目移交验收管理措施

在项目移交阶段,率先启动、靠前开展质量查验工作。这既能倒逼现场的收尾工作进度,又能为移交前的全面整改争取时间。为确保该项查验工作的顺利推进,EPC总承包单位特别制定了《质量查验管理办法(试行)》,并开展自查工作。自查完毕后,EPC总承包单位会同监理单位及项目组进行了内部查验。内部查验完毕后,各方联动物业开展多轮滚动查验工作,将查验出的问题整理为清单形式,并立即安排整改。整改完成后,立即滚动进行二轮查验,最终确保问题百分百整改完毕。

6.3.4 技术措施

1. 提前梳理设计施工问题

建设单位组织监理单位及EPC总承包单位梳理出102条质量管控要点,如图6.3-4所

应急院区建设经验及质量隐患梳理

序号	问题分类	应急院区问题项目	问题解决建议	项目管理建议管理措施
1	工期紧导致的设计施工问题	场地地基土质情况复杂，存在沼泽、淤泥等不良土，设计地基地基土处理后仍存在不良土质。	在设计中明确不良土质处理，明确换填或其他措施参数，确保不良土质出现后有处理依据和流程。	1. 针对三院应急院区出现的设计问题，提前进行梳理，在进行施工图设计阶段即予以处理。 2. 针对三院应急院区出现的管线排布不合理及施工过程中出现交叉碰撞的问题，提前利用BIM技术进行分析，模拟排布，减少碰撞。同时，对管线特别密集区域，执行样板先行。 3、对于三院应急院区施工过程中出现的重大及关键性问题，设立问题清单，提前做好交底。 4. 对于实施过程中图纸与现场进度不符的情况，建立设计、施工专项负责人对接制度，第一时间传递信息。同时，建立早、中、晚的设计交底制度，加强信息沟通。 5. 针对材料设备质量问题，一是优先到库内产品。二是建立材料设备采购小组，确定采购品牌。三是加强第三方复检工作，根据材料进场计划，确定抽检计划，重点材料加强抽检。同时设立材料设备黑名单，针对应急院区表现不好的厂家，本次不予采购。
2		基础防水做法时间紧迫无法按时间要求完成防水抗渗试验。	在筏板基础结构混凝土中增加抗渗要求，采用抗渗混凝土解决因防渗做法检测不到位导致的反渗水。	
3		设计进度滞后导致医院特殊设备选型滞后，对基础筏板厚度有特殊要求部位造成已浇筑混凝土不满足设备要求。	在设计筏板时特殊部位筏板厚度、强度要求等，按设备最大型号进行考虑，确保后期设备基础的容错性。	
4		因设计找坡导致箱房支座高低不统一，制作加工不方便，现场安装质量控制难度大。	设计时考虑坡度影响，确保支座规格、高低大小一致，方便加工和安装。	
5		箱体内给水、排水、排风、线缆走线等设置在病房内或病房过道内，导致后期维护成本大、风险高。	初步设计前与医院运营方对接，明确需求，设计时将给水、排水、空调、电线、排风等围绕室外维护维修原则设置，围绕箱体外围设计以上管线，较少通过箱体内部，在后续维保维修人员不进入病房内维修，降低感染风险。	
6		箱体大面积安装因工期紧张屋面防水性能存在渗漏风险。	增加独立屋盖，建立独立防雨排雨屋面，将雨水外排，避免雨水管进入箱内，选择外排组织排水或散排，避免屋面漏水。	
7		隔离间设置独立集成卫浴，其给水、排污、排风未能与箱房整体设计。	在确定独立卫浴后，明确独立卫浴型号规格，同时明确其水、污、电、排风等接驳口位置，反馈设计统一给排设计，确保美观和功能齐全。	
8		医护人员活动区域与隔离病人活动区域未设置缓冲区，或存在空间对流导致病毒传播风险。	设置缓冲区，并在缓冲区内设计消杀设备，所有医护人员出入门口、窗等设计自动闭门设施，确保医护、病人区域相互独立。	
9		因工期紧张，对实际箱房结构考虑不足，室内装修设计与箱房结构冲突。	设计方案确定后立即进行样板施工，调整设计问题，解决设计冲突问题。	
10		室内装修设计，对箱房墙板承载力欠考虑，未提前设计固定。	设计时明确箱房承载力限值，在进行超重设备构筑物施工时，提前设计预制挂件，如热水器、空调、医疗设备等。	
11		因工期紧张张张未能在集成卫浴入户前完成试水、闭水试验，导致卫浴底部地漏、马桶、污水管、给水管等漏水，二次修复成本大。	施工前制定严密的施工进度计划及工序穿插施工作业安排，集成卫浴入户或安装马桶等重物前必须进行一层闭水试验，确保接口密封性。	
12		电气容量设计未考虑满负荷运转所需功率。	设计时按满负荷、最大运行功率设计电气总容量。	

图6.3-4　项目质量管控要点示意

示。针对这些要点，设计单位和EPC总承包单位合作，对从设计方案到施工组织发现的问题逐一落实，并提供解决对策。

2. 坚持样板引路，统一实施标准

样板引路是质量管理事前预防中的重点工作。为满足工期要求，按照全过程样板引路的原则，项目特别制定了前期模拟及过程跟进两套样板引路措施。

项目成立前期，针对建造体系制作了实体样板间，并通过全过程工序施工管理来明确质量验收标准。部分样板间如图6.3-5、图6.3-6所示。

为确保大面积施工工序质量，例如箱体外角部与钢支墩焊接、箱体内机电与装饰安装的质量，各工区组织样板引路施工，如图6.3-7所示。项目挑选有经验、操作技能较强的班组，严格按照技术标准、施工图设计文件以及审批通过的专项方案进行样板施工，拍摄照片资料并保存；同时，分层解构关键部位及重点工序，并附文字说明。

图6.3-5　标准护理单元实体样板间

图6.3-6　标准护理单元实体样板间（集成卫浴）

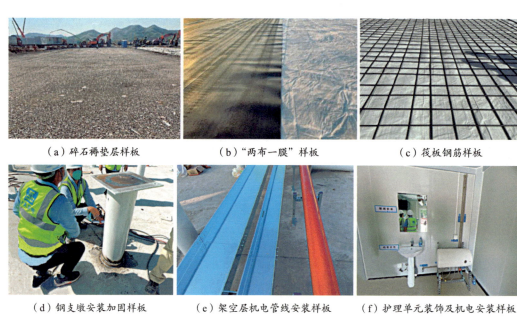

（a）碎石褥垫层样板　　　（b）"两布一膜"样板　　　（c）筏板钢筋样板

（d）钢支墩安装加固样板　（e）架空层机电管线安装样板　（f）护理单元装饰及机电安装样板

图6.3-7　各工区组织样板引路施工

3. 优化设计方案，助力质量提升

为确保施工质量，设计阶段应预先把控施工过程的质量控制难点。一是提高装配率，在环境较好的厂内组装箱体，或者选用装配式产品，提高工程质量。二是采取更方便控制质量的方案及材料，例如将风管改为圆形PVC管，既能加快施工进度，又易于保证安装质量。三是在设计阶段，对容易出现质量问题的部位进行加强，例如设计屋面防水时，除箱体自防水外，还可在拼缝处增加柔性防水，并在箱体顶部增设金属屋面，以确保防水效果。

6.3.5 经济措施

1. 建立质量管理激励机制

首先，建立工区质量管理评价机制，通过评价工区现场实体质量、质量问题整改率、质量行为、举牌验收及时性等方面，制定每周质量"红黑榜"，并予以奖励。其次，建立分包质量流动红旗，对不同专业分包的实体质量、质量行为、质量管理配合度等方面进行评比，并每周颁发流动红旗给表现优秀的分包单位。项目质量部通过"红黑榜""流动红旗"的质量激励机制，提高了工区及分包单位参与质量管理的积极性，提升了项目质量水平。

2. 建立质量问题奖惩制度

部分工区及分包不重视检查过程中多次提出的质量问题，为督促其进行必要的质量整改，项目采取了相应的质量整改通知和经济处罚措施。据统计，累计发出整改通知及质量罚款单102份（图6.3-8）。

 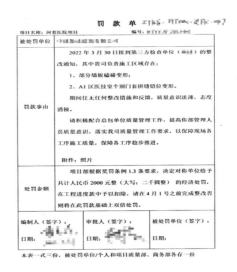

图6.3-8 质量罚款单示例

6.4 安全目标管理

6.4.1 安全目标

本项目以实现零事故为安全目标之一。这包括提供全面的安全培训，确保所有参与项目的人员了解并遵守安全规定；严格遵循安全程序和标准，积极排除工程中的安全隐患；监测和报告任何安全问题，并采取适当的纠正措施。此外，在疫情背景下，以"不因疫情导致停工"为目标，根据相关的卫生防护指南，实施严格的疫情防控措施，确保参与项目人员的健康与安全。

在零事故和零伤亡的根本目标下，项目致力于提供一个安全、健康的工作环境，实现安全施工、安全人员、安全沟通、安全创新等目标。①安全施工目标是指通过制定详细的安全计划和操作规程，推行安全施工流程。这包括安全操作、防护措施、紧急救援等，以最大限度地减少事故的发生。②安全人员目标是指优先保障项目参与人员的安全。这包括为所有工作人员提供充分的安全培训和技能提升机会，以增强其安全意识和能力；建立安全督导团队，负责监督施工现场的安全情况，并及时采取纠正措施，消除潜在的安全隐患。③安全沟通目标是指确保畅通的安全沟通渠道。这包括定期召开安全会议，组织安全培训和安全宣传活动，建立安全反馈机制；及时传达安全要求和注意事项，增强团队合作，减少误解和疏漏，共同维护项目的安全。④安全创新目标是指鼓励安全创新和技术应用，以提高施工过程中的安全性。这包括引入先进的安全设备、工艺和管理方法，减少潜在的安全风险；积极探索和采用安全技术和工具，不断提升安全管理的效能。

6.4.2 组织措施

1. 加强人员投入，建立形象化、专业化的战斗队伍

为树立安全监管队伍形象，全体安监人员统一穿着醒目的服装，并配备喇叭、激光笔、手电筒、对讲机和袖标等装备。由于极限工期项目需要24小时不间断施工，为营造安全监管氛围，提高安全监管效率，安监人员的配置标准是正常标准的两倍。EPC总承包单位共配备专职安全生产管理人员34人，300余家分包单位（含供应商）配备350余名专职安全员。监理单位共投入专职安全人员6名，对现场进行不间断巡视，监督全场安全生产管理情况。同时，各分区均配置了兼职安全人员，负责各分区的安全管理职责，并对各分区的安全问题进行立查立改。建设单位除安排专人负责安全管理外，还引入第三方安全咨询单位，对现场安全生产工作进行评估与指导。在高峰期，安全管理团队监管的施工作业人数达2万余人，汽车起重机达110余台。

2. 建立夜班安全监督队伍

EPC总承包单位组建了"1+3/4+N"夜间安全监管团队。该团队由1名夜班安全总协调、应急医院的3名工区安全负责人、方舱医院的4名工区安全负责人、每个分包单位至少1名专职安监人员组成。同时，监理单位和第三方巡检单位还成立了联合夜间巡查小组，该小组每晚组织EPC总承包单位夜班安全负责人对全场进行安全巡视，确保24小时无间断的安全管理。

3. 建立安全文明施工的突击队伍

为确保现场安全文明施工制度得到有效执行，EPC总承包单位成立了安全文明施工突击队，用于兜底处理现场的安全文明管理事宜。当分包单位不配合或生产方无法落实时，突击队伍能够立刻补位，迅速消除隐患。然而，兜底不代表责任免除，消除隐患后，必须对分包单位和生产方作出相应处罚。这不仅有助于提高分包单位和生产方的安全文明施工意识，也能确保隐患的及时消除和安全目标的实现。

4. 建立网格化立体式的战斗分区

根据施工进度，分区域（如工区）、分专业（如土建、钢结构、机电、装饰、市政等）、分风险（如基坑、大型设备、起重吊装、临电和消防等）建立立体式的责任分工，明确建设单位、监理单位、EPC总承包单位、分包单位等各方的责任人，并及时更新和公示相关信息。通过明确责任、压实责任，确保每件事都有专人负责，每个地方都有人管理。

5. 推行"四队一制"制度

按照建设单位的管理规定，项目严格执行"四队一制"制度。"四队"包括：重大隐患特别行动队，对发现的重大隐患进行限时整改消除与专项闭合；6S行动队，开展包括整理、整顿、清扫、标准化、素养、安全在内的6S管理活动，持续改善现场文明施工与工作环境；违章作业纠察队，及时制止人的不安全行为，将管理责任下沉到分包单位，并执行配套的奖惩措施；技术审核把关队，重点审核危大工程技术方案、安全技术交底及作业指导书。"一制"是指工区长制，确保项目所有区域、工区、楼栋、楼层等物理空间的质量安全隐患及6S管理问题都有专人负责监管、专人负责整改。

6. 齐抓共管，成立联合巡查小组

为了保证对施工过程进行全面安全管控，由建设单位、EPC总承包单位、监理单位、第三方巡检单位组成的现场联合安全检查组，分四个时段对现场进行安全检查。在检查过程中，各方人员及时沟通和交流，迅速处理现场安全隐患，以更好地掌控风险。

每天下午，联合安全检查组召开一次碰头会，总结当天在现场发现的问题，并针对频发、危险性较大的问题提出整改建议。EPC总承包单位督促各分包单位落实相关问题的解决，监理单位和第三方巡检单位对整改情况进行监督和复查。

6.4.3 管理措施

1. 管理制度

1）编制指令清晰的管理制度

结合建设单位的"六微"机制（安全责任机制、培训教育机制、隐患排查机制、专题学习机制、技术管理支撑机制、落实奖惩机制），项目制定了6类15项安全生产保障举

措，针对人员、机械、物料的进场、作业过程及退场等，编制了指令清晰的管理制度，包括：安全生产会议制度、安全责任管理制度、进出场安全管理制度、教育培训管理制度、安全检查管理制度、安全生产考核奖罚制度等，实现有计划、有目标、有标准、有奖罚的安全管理要求，保证现场施工安全。

2）适当简化安全管理流程

考虑到项目工期极为紧张的特点，需要适当简化或优化管理流程，以确保所有管理措施高效进行。例如，对于起重吊装作业、动火作业、动土作业等重大风险，施工前实施申请制（吊装令、动火令、动土令），只有在确认相关安全施工条件准备到位后方可允许施工，从源头避免重大风险作业失控。此外，将关键的制度要求提炼为关键词，例如，班前教育"四必须"、高处作业"三个有"、汽车起重机"四到位"、动火作业"四个一"以及分包专职安全生产管理人员退场"三个必须"等。

3）融合当地安全防护标准

经查阅相关标准，结合施工现场情况，确定现场需采用的安全防护措施。其中，流动金属工作平台、防坠网、临时围挡板、危险品仓库等均采用当地标准，临边防护、洞口防护、垂直通道等采用内地标准。通过综合运用多地防护标准，提高整个施工现场的安全防护水平，加强安全管理措施，有效控制项目的危险源。

2. 现场安全管理措施

1）现场安全色标管理

项目采用"关口前移、源头控制"的管理思路。EPC总承包单位在准备阶段编制了安全专项施工方案，监理单位组织编制了安全监理实施规划及专项安全监理实施细则。项目组织划分了主要风险点，包括基坑工程、起重吊装、高处作业、动火作业、施工用电等。运用危害辨识与危险评价方法（LEC）进行风险分析，确定了坍塌、起重伤害2项重大风险，高处坠落、物体打击、车辆伤害3项较大风险，机械伤害、触电、火灾3项一般风险和容器爆炸1项低风险。

项目使用红、橙、黄、蓝4种颜色标识风险的等级和部位，绘制出安全风险分布告知图，并在施工现场的显著处进行公示，使进入施工现场的从业人员能够全面了解整个现场的安全风险。通过风险4色标识与安全警示标识的巧妙结合，根据现场作业情况对每一个独立的风险点（具体到每一个作业点、每一台设备）进行单独警示，可以将每一个风险点及相应的防范措施展示出来，实现风险的可视化管理。

2）现场设备安全管理

（1）起重设备的安全管理。为防范起重伤害风险，项目从设备、吊索具、作业行为、环境4个方面采取安全管理措施。①严格进行设备进场验收，加大设备维护保养和专项检查的频次，以降低设备故障可能性。②提高吊带报废标准，强化吊物包角措施，持续开展吊索具检查，以降低吊索具断裂的可能性。③持续开展吊车司机和起重信号司索工的教育和交底，以降低违章作业的可能性。同时，通过高音喇叭警示，设置水马、铁马和警戒线围蔽吊装区域，降低无关人员暴露于危险作业的可能性。④通过制定打满腿、垫枕木、垫钢板等吊装规定，降低因地面承载力不足导致设备倾覆的可能性。

（2）作业设备的安全管理。防范高处坠落风险的措施如下：①在高处作业管理中，提前介入施工组织，通过调整施工部署，将二层走道两端箱体进行预拼装。同时，调整吊装顺序，优先安装楼梯位置二层的箱体，完美规避了施工作业面的洞口和临边，从根本上确保人员高处作业的安全。②在登高作业管理中，对室外使用直梯登高作业制定了"一人、一梯、一扶、一挂"的要求，即仅限一人上梯、必须使用带三角支撑的铝合金直梯、必须有专人扶梯、安全带必须有可靠系挂点的防范措施。这大大降低了作业人员高空失足跌落、梯子倾斜倒塌或断裂坍塌的可能性，有效化解了登高人员高处坠落的风险。

（3）用电设备的安全管理。为防范触电事故，项目充分利用各单位的优势资源，以工区为单位选取各分包单位的优秀专业电工组成电工班。由EPC总承包单位电工牵头，每日固定时间集合，统一开展施工用电专项检查；充分发挥团队优势，开展地毯式搜索，对用电隐患展开歼灭战。

（4）动火设备的安全管理。为防范火灾事故，从点火源和可燃物两个方面着手，严格执行动火审批制度，以动火点为单位开具动火证。同时，落实接火斗、灭火器、看火人三项强制措施，严格控制点火源不扩散；做到现场易燃垃圾"立清立洁"，确保施工产生的易燃垃圾由专人负责即时清理至指定的垃圾箱，再由6S专班立即清运。

3）现场作业安全管理

分工区配备白班和夜班专职安监人员。白班安监人员工作时间为8时至22时，覆盖白天重点作业时段的安全监管；夜班为19时至次日8时，覆盖夜间加班和通宵施工作业期间的安全监管。其中，从19时至22时，对现场施工任务最重、作业人员最多的关键时间段进行重点监督，压强管理。此外，每日12时至14时安排人员轮流值班，补强薄弱环节安监力量，以实现全天24小时无死角压强监督。

4）现场安全检查

（1）推行"清单销项、日清日结"工作。对现场发现的安全问题要求立查立改。针对无法立即整改的问题，形成安全问题整改销项清单，所有问题均要求在24小时内整改完成。安全销项清单如表6.4-1所示。

安全销项清单示例　　　　　表6.4-1

序号	开始日期	完成日期	现场照片	整改后照片
1	2022.3.19	2022.3.19		
	部位及问题描述：二级箱一闸多机			
	整改措施：拆除多余线缆			
2	2022.3.19	2022.3.19		
	部位及问题描述：A3区南侧楼梯踏步脱焊损坏			
	整改措施：立即补焊修复			
3	2022.3.19	2022.3.19		
	部位及问题描述：A3区集装箱内一临边外开门防护缺失			
	整改措施：立即安装临边防护			
4	2022.3.19	2022.3.19		
	部位及问题描述：二级配电箱内电箱巡视记录未及时更新			
	整改措施：安排专业电工每日定时检查			

续表

序号	开始日期	完成日期	现场照片	整改后照片
5	2022.3.19	2022.3.19		
	部位及问题描述：三级箱未张贴责任人标识			
	整改措施：张贴责任人标识			
6	2022.3.19	2022.3.19		
	部位及问题描述：切割作业未佩戴防护面罩			
	整改措施：切割作业人员佩戴防护面罩			

（2）开展专项检查。针对现场作业情况及隐患出现频率较高的问题，组织开展各项专项安全检查（图6.4-1）。例如动火作业、起重吊装、临时用电等，相关检查均形成安全专项检查表、监理通知单等。项目共计开展专项检查9次，极大地促进了对现场高频隐患的整改。安全检查记录表及检查过程的示例如图6.4-2所示。

图6.4-1 现场安全检查

安全检查记录表

工程名称：[illegible]　　编号：[illegible]

工程名称	[illegible]	检查时间	2022年3月14日
检查类型	临时用电专项检查		
参加检查人员	监理单位：[illegible] 施工单位：[illegible]		
检查内容	施工现场配电系统，包括配电箱、电缆线等		
检查结果/存在问题	监理单位按相关要求，组织施工单位安全管理人员对现场的临时用电进行检查，施工现场临时用电存在较多的问题。 1、B1区域，用电设备（电焊机）直接从二级配电箱取电，未使用开关箱。（图1） 2、B1区域，配电箱重复接地的接地极使用螺纹钢，不符合规范要求。（图2） 3、B1区域，一级配电箱未采用稳定的基础，存在倾覆的风险；旁边有危化品，存在极大安全隐患。（图3） 4、A1区域，配电箱无任何标识牌，无电工。（图4） 5、环线道路上设置一级配电柜，周边未设置防撞措施，存在极大安全隐患。（图5） 6、A2区域，配电箱重复接地、电焊机二次线使用同一接地体。（图6） 7、D1区域，配电箱未使用本月巡查表（此表为2月）。（图7） 8、D1区域，电缆线电化严重，未及时更换。（图8）		
整改要求	1、要求施工单位立即对上述问题积极地进行整改；同时，按照举一反三的原则，对整个施工现场进行排查，及时整改存在的不足。 2、一级配电箱的设置必须有专用防护棚，基础牢固，按要求配置临时用电操作规程、灭火器。因现场条件限制而只能设置于主要道路上的一级电箱，必须设置防撞措施。 3、每个配电箱需张贴信息标识牌，明确责任人和联系信息；张贴		

安全检查记录表

工程名称：[illegible]　　编号：[illegible]

工程名称	[illegible]	检查时间	2022年3月15日
检查类型	起重吊装专项检查		
参加检查人员	监理单位：[illegible] 施工单位：[illegible] 分包：[illegible]		
检查内容	施工现场起重吊装机械，包括汽车吊、随车吊、砼车等		
检查结果/存在问题	监理单位按相关要求，组织施工单位安全及机械管理人员对现场的起重吊装机械进行检查（图1、2），共检查现场使用中的40台汽车吊。施工现场起重吊装机械管理比较到位。所有汽车吊超高限位器完好（图3）；按要求开具吊装令（图4）；汽车吊都按要求完全打开支腿；支腿下垫钢板（图5）；起重作业人员执证上岗；起重钢丝绳、吊具基本符合要求（图6）；现场操作施工未见违章现象，安全受控；吊装区域基本设置警戒带，现场发现有2台汽车吊（粤S15678、粤BGQ989）未设置警戒带（图7、8）；个别汽车吊垫板设置偏位（图9）。		
整改要求	1、继续按要求做好起重吊装安全管理工作，现场安全、设备管理人员做好日常巡视工作，及时发现隐患，并督促整改。 2、施工单位在三日内将整改回复上报项目监理部复查。		

图6.4-2　安全检查记录表示例

6.4.4 技术措施

1. 安全教育

（1）坚持每日开展战斗动员大会

每日8时组织召开各参建单位的安全总监碰头会，明确要求，奖优罚劣。同时，分工区在巡查前召开碰头会，早、中、晚召开三次，进一步明确风险、要求和措施，确保所有人员时刻保持人在岗、心在岗、身在岗的状态。

（2）坚持每日开展全覆盖的班前会

根据施工情况，每天明确主要风险点和管控措施。要求各参建单位每天上班前组织召开全员的班前会，针对当天施工内容、存在的风险及管控措施要求进行交底，各参建单位交底情况以水印照片和视频的形式上报EPC总承包单位，确保EPC总承包单位的各项要求能及时传达贯彻至作业层，持续强化工人安全意识。

（3）坚持开展问题单位的约谈大会

根据现场安全管理形式，项目推行分级约谈机制。如果现场某个阶段或者某道工序出现较多的安全隐患，由建设单位组织监理单位及第三方巡检单位进行通报，并约谈EPC总承包单位项目负责人。针对管理问题较多、现场隐患突出的分包单位，由EPC总承包单位指挥部领导约谈分包单位指挥部领导，提高分包单位领导层的安全生产政治站位和意识，以确保安全投入到位、安全隐患及时消除，并督促分包单位领导层从体制机制层面系统解决存在的突出问题。

（4）坚持开展隐患治理工作

秉承“把隐患当成事故来看待”的态度，项目坚持逢险必处置的原则。项目划分为应急医院和方舱医院2个责任片区，并成立了重大隐患特别行动队、违章作业纠察队及生活区消防安全纠察小组。项目还制定了安全隐患排查分工表，细化分工，24小时不间断排查、治理现场的安全隐患。此外，根据"一般隐患当场改、重大隐患停工改"的原则，项目实行重大隐患约谈制和通报制。对于出现重复隐患的单位，EPC总承包单位采取发送函件至责任单位的方式，同时约谈责任单位公司现场驻点指挥长或法人，敦促现场项目负责人蹲点负责整改落实。

2. 技术交底

应急医院项目编制了6类施工方案，包括土建类、钢结构类、机电类、市政类、装修类和质量类，共计41套方案。所有方案在施工前完成编制和评审，并对EPC总承包单位进行技术交底。针对重大危险源辨识和各阶段的安全管控重点，重点跟踪化粪池土方开挖及支护施工方案、临时用电施工方案、箱体安装施工方案、钢结构施工安全防护方案、金属屋面施工方案、室外综合管网施工方案、临建施工方案、施工组织设计、机电安装施工组织设计、室内装修施工方案这10套关键方案。此外，项目根据各类方案准备了安防物资及应急处置方案，并开展了针对性的安全教育。

6.5 防疫目标管理

6.5.1 防疫目标

坚决实施"双统筹、双胜利"目标，要求管理人员一岗双责、管生产就要管防疫，贯彻责任到位、动作到位、管控到位的疫情防控总体原则，从严、从紧、从实、从细抓好疫情防控工作不松懈。

严防"四大风险"，包括后方输入风险、本地输入风险、内部扩散风险、人员输出风险。

把好"六关"，包括入口关、交通关、围合关、教育关、餐饮关、现场管控关。

执行"四个分开"，包括人员分开、场所分开、轨迹分开、核酸检测分开。

做到"三严"，包括严格落实全员核酸检测、严格防范输入风险、严格防范输出风险。

6.5.2 防疫工作方案

根据疫情防控形势，制定了《疫情防控工作方案》。

为严防输入风险，制定了《围网完善加强专项方案》和《临时拆除外围铁丝网专项方案》。

为严防车辆输入风险，制定了《车辆管理方案》。

为严防内部扩散风险，制定了《疫情防控整改工作方案》。

为严防人员输出风险，制定了《隔离观察期间疫情防控方案》。

为严格落实全员核酸检测，制定了《核酸检测实施方案》。

为做好场内就地管控密接人员管理，制定了《新冠肺炎病例密切接触者（含次密）管理办法》。

为做好爆发性、聚集性疫情应对，制定了《群体性疫情防控紧急预案》。

为做好应急处置工作，制定了《防疫演练方案》。

为做好弃土中转场管理，制定了《弃土处置施工方案》和《弃土方案管理细则》。

1. 进场管理

进场前，所有人员需到一站式服务中心办理完成实名制录入、背景调查、防疫审查、岗前教育和安全交底等手续。完成进场手续后，统一安排大巴经栈桥将人员集中送往施工现场，沿途不停靠、不上下人，以确保进场人员全闭环管理。进场人员需满足以下条件：

（1）核酸检测7天3检均为阴性，且24小时内当地核酸检测阴性；

（2）近14天内，没有到过国内中高风险地区或境外；

（3）不是新冠肺炎确诊病例的密切接触人员或次密接人员；

（4）不是新冠病毒感染者或疑似感染者；

（5）不是当地以外地区行程码带"*"人员；

（6）无发热（体温超过37.3℃）、干咳、乏力、嗅觉和味觉减退、鼻塞、流涕、咽痛、结膜炎、肌痛、腹泻等症状；

（7）至少完成两针疫苗接种，符合条件者，需完成第三针疫苗接种。

2. 全员核酸

所有人员必须按要求进行每日一次核酸检测。将全员核酸检测视为每天最重要的事情，先核酸，再上班。从2022年2月21日开始组织参建人员进行全员核酸，截至4月30日，共计核酸检测740218人次。具体措施如下。

（1）实名登记发放核酸检测卡

根据项目人员花名册，进行实名制登记并发放核酸检测卡，每日核酸检测时盖章记录。同时联动项目各有关管理部门，将核酸检测卡与项目人员的考勤、工资结算、离岛相关联，倒逼项目人员主动进行核酸检测；发布核酸检测奖励办法，项目人员可凭检测盖章记录领取奖励，正向引导项目人员主动进行核酸检测。

（2）科学划分检测片区

结合各片区人员分布情况，按照每1500人设置一个采样点的原则，设置10个核酸采样点，并根据片区内人员作息时间，个性化设定核酸检测点开放时间，优化受检体验，避免项目人员对核酸检测产生抵触情绪。

（3）合理配置采样队

联动EPC总承包单位、分包单位及派驻的专业医疗团队，配足建强采样队，每组采样队标准化配置4名采样人员。其中，1名医护人员，负责核酸采样；2名防疫专员，分别负责核酸登记扫码及核对盖章；1名安保人员，负责引导维持现场秩序。

（4）规范设置采集流程

依据前期核酸检测实际开展情况，优化核酸检测流程（测温点—排队等候区—信息化面部识别登记—扫码登记—核酸采样—每日核酸检测卡登记盖章），确保全员应检尽检。其中，信息化面部识别登记环节主要是核对人员信息，进一步强化岛内人员摸查及管控。采样点每隔2~3小时消毒一次，确保各检测点的环境卫生，并由医务组负责统一处理核酸检测垃圾，切实做到无垃圾落地及混投现象。

（5）信息摸排及巡查

建立核酸检测动态跟踪机制，由核酸检测工作小组每日对项目人员的核酸检测情况进行统计排查，将在场人员名单与核酸检测人员名单进行对比分析，梳理应检、已检、未检人员数量，重点关注未检人员，核查未检原因并发送短信督促检测。

3. 现场管控

（1）劳务人员（含工勤保障人员）

进场后所有人员必须佩戴好口罩，严格落实"5个100%"（100%戴口罩、100%扫场所码、100%查验健康码、100%查验行程卡、100%测量体温）要求。保安、保洁等特殊岗位人员每天需进行不少于2次体温检测，其他人员不少于1次体温检测；同时定期进行核酸检测，实行每天一检。就餐时实行配餐制，避免人员密集扎堆用餐。此外，按照"出则报备、进则循迹"的原则，实行项目部的封闭管理，除就医及退场等情形外，严禁人员外出。

（2）货车司机

进入拼装场的货车司机全程戴口罩，严禁随意下车，如必须下车，仅限于在指定的司机休息区域活动。货物装卸完毕并完成消杀后，司机方可离开场地。在工程履约期间，应严格控制出行轨迹，严禁前往中高风险区域。

进入施工现场的货车司机全程戴口罩，严禁开窗、开门、下车，如必须下车，仅限于在指定的司机休息区域活动。

（3）管理人员

场地内所有人员必须全程佩戴口罩。管理人员实行不少于每天1次的体温检测，同时定期进行核酸检测，实行每天一检。就餐时实行配餐制，避免人员密集扎堆用餐。此外,按照"出则报备、进则循迹"的原则,实行项目部的封闭管理,除就医及退场等情形外,严禁人员外出。

(4)临时来访人员

项目严格把控临时进场人员审批流程,按临时人员进出政策查验健康信息,核实圈层行程信息;加强临时进场人员"专车接送、专人看管、专区作业"防疫管控,避免人员交叉,实现两点一线。临时来访人员应全程佩戴好口罩,严格遵守现场的疫情防控管理规定。

4. 退场管理

为防止人员输出风险,现场退场人员需集中休养。所有退场人员需核查退场前4天的核酸检测情况,确保至少"四天四检",并持有24小时核酸检测阴性证明方可进入集中休养点。如项目工地现场在退场前7日无确诊病例,退场人员实行7天集中休养;如项目工地现场在退场前7日内发现确诊病例,退场人员实行10天集中休养。退场人员在集中休养后,健康监测无异常及核酸检测结果均为阴性方可解除管理。

5. 分色管理

项目将进入现场的车辆划分为四类,进行分色管理。内场转运车辆(汽车起重机、平板车等)贴绿色圆标,后勤保障车辆(送餐车、垃圾车、场内加油车等)贴黄色圆标,拼装场车辆贴蓝色封条,社会车辆贴红色封条。

6. 进场要求

(1)内场转运车辆(汽车起重机、平板车等):人员入场时测温正常,需持有当地24小时核酸检测阴性证明,且满足3天2检为阴性。

(2)后勤保障车辆(送餐车、垃圾车、场内加油车等):人员入场时测温正常,需持有当地24小时核酸检测阴性证明,且满足连续4天4检测结果为阴性;满足"5个100%"防疫管控要求,不满足者禁止入内,并对车辆及时进行消杀。

(3)拼装场车辆:人员入场前在拼装场地完成防疫实名制审核(连续4天4检核酸阴性证明,行程码不能有除当地外带"*"的地方,提供24小时核酸检测证明,落实"5个100%"要求),贴上蓝色封条(贴住门和窗)发往现场,按规定路线行驶,全程不停靠、不开窗、不下车。关口查看车上封条完整无毁的可走规定车道通行。

(4)社会车辆:人员入场时需持24小时核酸阴性证明,且满足7天3检为阴性;满足"5个100%"防疫管控要求;一人一车,车上不得搭载其他人员,贴上红色封条(贴住门和窗),刷脸进入。

7. 具体管控要求

(1)内场转运车辆(汽车起重机、平板车等):贴绿色圆标,挡风玻璃左上角及左、右车窗各贴1个,共3个;人员须每天做核酸检测、测温,持24小时核酸阴性证明;全程正确佩戴口罩。

（2）后勤保障车辆（送餐车、垃圾车、场内加油车等）：贴黄色圆标，挡风玻璃左上角及左、右车窗各贴1个，共3个；人员须全程正确佩戴口罩。

（3）拼装场车辆：人员在场内须全程佩戴口罩，不得损毁封条，不开窗、不下车，返回拼装场后，由工作人员检查封条完整性后，拆解封条。

（4）社会车辆：人员进场后须全程佩戴口罩，不得损毁封条，原则上不开窗、不下车，车辆出场时检查封条是否完好无损。

8. 货物管理

货物进出场地均需执行消杀动作，发往施工现场的货物还需要张贴封条。进口建筑设备、建筑材料、冷链食品以及入境邮件，应按有关要求进行消杀和拆封。应尽量减少从境外购买物品。

（1）施工现场的货物管理。所有进入施工现场的运输车辆及货物，必须在栈桥与施工现场之间设置的缓冲消杀区内进行彻底消杀。提前规划最安全路线，避免途经中高风险地区。一切进入项目现场的车辆须经栈桥进入项目现场。

（2）办公区、宿舍区的货物管理。进入办公区、宿舍区的物料（快递、文件等）必须全部经拼装场消杀贴封条后，依据规定路线运输至现场。

9. 封闭管理

（1）出入口封闭措施。施工现场保留一个出入口，其他出入口应关闭上锁，并采取有效封闭措施。

（2）栈桥两侧围栏按照边防要求设置，栈桥区域视频监控全覆盖，栈桥两端各设置保安岗，24小时巡逻监管栈桥。

（3）栈桥为人员及车辆唯一出入口，一切进入施工现场的人员及车辆均由栈桥通行进入施工现场。

（4）施工区作业安排。合理安排施工作业，优化班组工作地点及内容，避免在有限空间内聚集作业。

10. 分区管理

按照每单元不超过400人的原则，将生活区划分为独立单元。各单元设置独立出入口、淋浴间、卫生间等公共配套设施，设置实名制闸机，进出人员需刷脸通过。采用围挡对单元进行隔断，做到"易切断、可溯源"。如图6.5-1所示。

11. 防疫消杀

现场配备一支专业消杀队伍，负责施工现场消杀工作（图6.5-2）。重点消杀部位包括办公室、宿舍、会议室、卫生间、化粪池等。消杀频率为：卫生间不少于3次/天；其他场所及设施不少于2次/天。消杀后需如实做好工作记录。

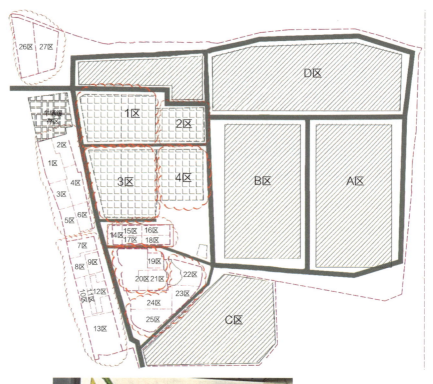

图6.5-1 独立单元及其设施配置情况

图6.5-2 施工现场消杀工作

12. 设置隔离区

科学管理密切接触者（含次密），避免密切接触者导致的传播。对密切接触者（含次密）采取集中隔离观察。项目设2个集中隔离点，共12个独立集装箱和5个独立帐篷，房间和床位配置可满足1支劳务队伍同时集中隔离观察。隔离点通风条件较好、远离生活区，采用铁码/水码进行封闭，仅保留一个出入口。

集中隔离点为密切接触者提供独立集装箱，每个独立集装箱配备一个专用移动厕所；为次密切接触者提供帐篷，并提供充足数量的专用移动厕所。移动厕所抽排前，需要进行消毒处理，并定期投放含氯消毒剂；消毒1.5小时后，总余氯量为10mg/L，消毒后污水应符合《医疗机构水污染物排放标准》GB 18466—2005的要求。

13. 轨迹管理

项目为各班组队伍分发小队旗，由队长举旗带队，班组全体人员同时上下班，严禁独自行动，降低不同队伍人员交叉接触的可能性。如图6.5-3所示。

图6.5-3 轨迹管理情况

6.5.3 防疫工作效果

在各参建单位的努力下，项目建设期间现场核酸检测均为阴性，未发生聚集性疫情，疫情防控工作取得了阶段性胜利。

第7章
严格的执行力

7.1 设计执行力

自确定项目设计单位及选址后,建设单位内部设立设计管理小组,联合EPC总承包单位开展项目各阶段设计工作,并取得显著成效。由于项目设计需要采取多阶段、多专业融合设计,设计工作与施工工作同步启动,因此设计执行力决定了项目施工的进展与速度。项目接到建设任务后,立即组织团队开展需求沟通及图纸设计工作;3月6日完成应急医院区、生活配套区主体专业正式版施工图;3月12日完成应急医院医技专项施工图;3月14日完成应急医院污水处理站施工图;3月16日完成厨房、景观、市政、标识专项施工图;3月18日完成方舱设施施工图设计。为配合现场生产和招采需求,设计团队24小时轮班工作,采取分阶段出图,并严格契合现场建设进度。同时,积极应对任务需求,进行动态调整。在符合呼吸科传染病医院各项条件的基础上,综合考虑使用需求及未来医院的可持续应用开展设计,既保证质量优异,又能满足各方需求。

7.1.1 设计满足进度需求又符合医疗工艺要求

尽管本项目设计时间紧迫,但设计成果仍能严格遵循国家防疫管理的相关政策、规范和标准要求。在极致的设计时间内,明确划分功能分区及洁污分区,严格执行"三区两通道"标准,保证隔离人员、医护工勤人员、洁净物资、污物流线设计相互独立,既能保障防疫安全,又能实现医疗流程的简洁、清晰和高效。设计过程中,对病房、手术室的配置进行严格规划,并设置中心供应、检验科、输血科等医技用房;排水与排气系统设计综合考虑传染病医院特性,设置高标准消杀装置,确保整体环境安全。考虑到场地缺少供电设施,而医疗机构需要有稳定、可靠的供电系统,因此,设计采用"双环网线路供电+柴油发电机备用电源+重点区域不间断电源UPS+局部IT系统"的供配电系统架构。此外,通过病房探视系统、护理呼应信号系统、病房监视系统、远程医疗与大数据等智慧化系统,有效地助力医疗服务。综合来看,尽管设计时间有限,但设计专业性及执行力极强。

7.1.2 设计保障施工执行又兼顾人性化和舒适性

由于本项目服务对象是患者及医护工作者，因此，在保障施工执行的条件下，项目在病房房型设计、无障碍设计、室内装饰设计、景观环境营造等方面也积极配合患者和医护人员的需求，竭力做到人性化与舒适性。应急医院病房设计采用单人间、两人间房型；方舱采用双人间、三人间房型，充分满足不同类型人员的入住需求。病房内配备独立卫浴，以及变频冷暖分体空调和通风系统，室内设计光面平整。无障碍设施充分考虑到患者的需求，大到无障碍缓坡广场、风雨连廊及电动感应推拉门，小到护理单元病房卫生间设助力扶手、淋浴坐凳及呼叫按钮，尽显人文关怀。考虑到治疗期间患者和医护人员易产生紧张情绪，因此，景观设计融入色彩心理学，营造自然疗愈的景观氛围，促进院区人员的身心健康。综合来看，设计在细微之处体现了人文关怀，具有超强的执行力。

7.1.3 模块化设计融合数字化技术助力快速与安全建造

本项目采用模块化集装箱结构体系，各专业协同设计，在工厂提前实现装配化与建筑功能的匹配。采用预装式变电站、箱式柴油发电机组、集成卫浴等标准化与模块化措施，将机电系统、室内装修及家具进行一体化设计、压缩了设备的订货、生产、运输、安装及调试进程，现场可快速组装，并通过增强箱体间连接构造，提升结构整体安全性。

此外，"全场景、全过程"的BIM技术贯穿设计始终。通过装配式建造模式与"BIM+数字化"融合应用，不仅完成了总图流线模拟，还能进行应急医院和方舱设施的场地漫游。BIM的虚拟建造工作实现了设计、建模和验证同步，有效实现科技赋能，助力项目快速建造，极大地增强了设计的执行力。

7.2 招采执行力

由于本项目的工期短、体量大，需要采购小组做到最快摸清资源，提升招采进度，保障资源的高效、稳定供应，因此建设单位采用了EPC模式简化了承包单位的招采过程。尽管如此，在EPC模式下选择供应商的工作量极大，由建设单位、EPC总承包单位、监理单位及造价咨询单位共同组成的采购小组需要在最短的时间内，完成超常规、工作量极大的招采工作。具体来看，采购小组在3~5天内完成了常规50天的招采任务；10天内完成了220项招采，9天内签订了194份合同，展现出惊人的招采执行力。

7.2.1 组建多方联动的采购小组与密集调度机制

根据项目推进会的相关要求，项目制定了材料采购管理办法，成立了3个专业能力过硬、招采经验丰富的采购小组。尽管本项目仅有1家EPC总承包单位，需要对接200余家分包单位及主要材料设备供应商，但是在确定项目之初，采购小组已派先遣队提前到现场进行勘察，做好招采规划和计划，将任务前置。在招采过程中，建设单位、EPC总承包单位、监理单位及造价咨询单位的成员各司其职又互相配合。面对项目材料种类多、数量大、图纸缺的难题，项目根据以往应急医院的采购清单，预先形成采购计划，摸清采购货源；将生产周期长、工期影响大的材料列成清单，重点跟踪。

面对各项疑难险重的资源调配问题，各方能够通过及时、快速响应的密集调度机制逐一解决。项目开展期间，各方共召开百余次造价碰头会，建立了良好的沟通机制，按照"四方碰头、四方定价"的原则，有效连接了场内外的各参建单位。通过密集的调度机制，能做到及时发现问题，解决问题，为招采工作的顺利执行奠定了坚实基础，体现出采购小组超强的协作精神与强大的招采执行力。

7.2.2 简化招采程序以快速推进资源进场

由于本项目属于特殊时期的应急建设项目，因此采取传统的招标投标程序无法满足建设工期的规定。在项目招标过程中，参考已有项目的发包经验，在建设单位的带领下，通过优化工程计价模式和择优竞争定标的标准，采取直接委托的方式明确了本项目的监理方。在不降低招标标准的情况下，减少招标程序的繁复对招标进度的影响，从而实现精准招标和高效建设的有机结合。

常规项目的材料设备采购程序为：品牌报审→采购合同→进场报审→进场验收→见证取样→检测报告→同意使用。考虑到本项目的特殊情况，采购小组确定本项目的主要材料设备选用品牌库内（建设单位品牌库、战略合作单位品牌库）的品牌，确保产品质量。若品牌库内产品无法满足供货时间及数量要求，为保证进度，需采取非品牌库产品，则由各专业采购小组以"一事一议"的方式，由项目组报材料设备管理委员会审批，审批通过后及时进行采购，同时进行线下品牌报审。虽然项目在招采过程中适当减少了相关程序，但是对于各个供应商及资源的要求并未降低，相关手续也保持齐备，因此招采程序的简化并未降低项目修建品质。而简化的招采程序有助于各项资源的快速进场，推进项目加快建设。

7.2.3 多方联动配合化解成本与财政难题

本项目执行"设计、招采和施工同步"原则，即招采在设计敲定方案后即刻开展，招采完成后即刻开展施工。为了保障施工招采且需要在最短的时间内实现人员、设备、材料等进场，因此夹在设计和施工之间的招采过程极为紧急。本项目中的人员、材料和机械又以超常规为主，因此大量资源的投入和施工过程中的不确定因素均有可能造成成本的难以把控。如为最大限度地满足资源需求而放开材料品牌库，则可能导致材料认价与品牌一致性难以把握；另外，时间较短也可能导致资料编制和留底不足，造成财政审计风险。

为解决以上难题，项目建设单位、EPC总承包单位、监理单位和咨询单位分工明确，以充分发挥各自专长。建设单位全面统筹招采工作，确定投资控制目标，提供资金保障；EPC总承包单位负责施工图预算，确定主材及设备数量与价格清单，编制竣工结算；监理单位承担全过程投资控制管理，参与结算管理并配合竣工决算；咨询单位编制结算原则，并建立全过程动态控制台账，承担材料认价与出具投资控制报告。此外，根据动态优化计价原则，形成了动态投资控制机制，能够及时把握投资变化情况。通过多方联动配合，在化解成本与财政难题的基础上，进一步促进了招采执行力的提升。

7.3 施工执行力

本项目将工厂建造与现场建造相结合，采用钢结构装配式模块化产品，应用BIM基础数字化管理平台，打造科学、绿色、智慧的施工现场。自修建栈桥起，施工团队一直展现出高效的执行力。由于缺少交通渠道，仅用7天时间就建成了项目所需的临时钢栈桥配套设施；在钢栈桥完成前，施工团队已进驻场地，清扫障碍及布置堆场。正式进场后，施工团队展现出惊人的执行力，进场1天完成场平，9天完成36个符合永久建筑标准的高承载医疗单元模块；30天完成应急医院工程一期建设交付；45天完成应急医院工程二期建设交付；51天完成应急医院工程及方舱设施全部建设交付，展现出了中国建设的高标准、高效率、高质量。

7.3.1 分区网格化管理与多层级复杂问题协调推进施工进程

为了确保项目进度，本项目采用了"划片分区、充分授权、就地决策、分头突围"的工作机制，共划分10个工区，各工区均配备具有丰富建设经验的负责人，并且在合理的情况下，各负责人具有充分的权力调动资源和开展建设。本项目的首要目标是保质保量地在最短工期内完成项目建设，因此，在建设单位的统筹下，项目各方管理人员均下沉一线。这有利于在遇到问题时，三方管理人员能及时沟通，化解矛盾，具有最高效的施工执行力。

同时，本项目采取上级专班、项目建设指挥部、建设单位工作指挥部、项目现场联合指挥部四级协调联动的多层级内、外协调机制。内部协调主要以项目现场联合指挥作为主要枢纽，协调各项工序穿插作业，协调各方工作及疫情管控。外部协调以建设单位抗疫工作指挥部为协调枢纽，主要协调各类手续、媒体与公众沟通、保障项目交通等事宜。多层级协调机制有利于施工中复杂问题的及时处理与解决，保障项目施工的顺利进行。

7.3.2 信息化技术的开发与运用辅助快速施工

本项目通过BIM等信息化技术手段，运用数据管理平台进行全专业的协同工作。在施工前，采用BIM进行虚拟建造，通过三维可视化验证施工效果。包括建立3D模型对建造工艺进行模拟，测算资源需求量，为施工组织提供精准的数据支持。在施工过程中，利用信息化技术辅助开展各环节的细部模拟，利用云模型实时查询布置效果图，辅助实现精准施工。信息化技术的开发与运用不仅有利于提升整体的工效，同时能够确保施工品质。

7.3.3 劳动竞赛激发组织活力

为在工期内圆满完成各项任务，激发施工团队的活力与信心，在建设过程中各个工区采取劳动竞赛的形式，以项目节点为目标进行"比学赶超帮"。"比"是指在保证施工质量的前提下，与其他团队进行比赛，提升施工进度；"学"是指向选取的典型、表彰的先进团队进行学习，丰富施工经验；"赶"是指在施工过程中，向先进团队看齐，提升施工进度，激发施工斗志；"超"是指不仅逐步追随先进团队脚步，还要超过先进团队进度，争做标杆与先进团队；"帮"是指先进团队要拉动落后团队共同进步，最终满足项目整体施工达到预期。

在劳动竞赛过程中，还会通过各项阶段性评比活动对先进集体与个人进行表彰及奖励，进一步激发组织活力，提升施工执行力。

7.3.4 团队不畏艰难提升施工速度

本项目在施工过程中面临着地质条件差、生活条件差、疫情传播风险高等多项不利因素，但是，施工团队始终将人民的利益和项目的建设放在首位。即使面对恶劣的气候环境和居住环境，施工团队仍以建设为先、施工为先，确保项目施工能尽快完成。同时，为了实现在最短时间内交付项目，施工团队坚持24小时轮班施工，即使在夜间，工地上依然灯火通明、施工不断，展现出施工团队强大的意志力与使命感。施工团队不畏艰难的精神不仅有效提升了施工的速度，同时也展现出施工团队强大的执行力与责任感。

7.4 竣工验收执行力

竣工验收是项目开展的重要环节，对于保障后期运营管理具有重要意义。在竣工验收过程中，EPC总承包单位展现了严格的质量管理能力、高效的组织协调能力和敏锐的问题识别及解决能力，具备超强的竣工验收执行力。这为确保项目质量符合标准要求、顺利完成竣工验收及交付运营提供了可靠的基础。

7.4.1 严格的质量管理能力

本项目十分注重质量管理，采取了一系列有效措施确保项目质量符合相关标准和规范要求。①严格遵守施工流程，组织专职质检员对各道工序的质量进行跟踪检查和验收控制，并注重自检、互检和交接检制度的落实，对潜在问题及时进行必要的纠正和整改。②通过严谨的质量管理体系，对材料进场、过程管控、出厂验收等进行全方位管控，确保项目质量在施工阶段就达到高标准，为后续的竣工验收奠定坚实的基础。

7.4.2 高效的组织协调能力

①根据国家、广东省及当地的相关标准，结合项目实际情况，提前编制了质量验收标准及流程，并协调各参与方，确保相关人员按时到场并完成各项验收工作。②积极与验收单位合作，提供所需的资料和材料，配合验收单位的评估和检查。③通过高效的组织和协调能力，保证竣工验收过程的顺利进行，为项目的及时交付打下坚实基础。

7.4.3 敏锐的问题识别及解决能力

①在竣工验收过程中，组织开展全面检查，及时发现存在的问题和隐患。②组织具备丰富经验与较强技术能力的工作人员，迅速应对和解决各类技术及质量问题，采取相应的整改措施，确保项目符合验收标准。③按照档案管理部门的要求，建立了完善的竣工验收档案，包括验收报告、验收记录、竣工图纸等，以满足档案验收、竣工结算和后期运营管理的要求。

7.5 过渡期运维执行力

在过渡期运维工作中，项目通过组建管理团队、健全工作机制、整理运维工作计划、制定运维需求及使用工具清单，确保使用单位需求得到及时响应。项目过渡期间，过渡运维团队展现了超强的过渡期运维执行力，确保项目的平稳过渡和正常运行。

7.5.1 建立工作专班，组建专业团队

为确保过渡期间各项工作正常运转，项目组建了共计199人的运维团队。其中，建设单位管理人员5人，负责统筹现场的项目维护等工作；运营筹备团队63人负责医院设施设备的维护。EPC总承包单位牵头组建了40人的维保团队，负责项目的维护保障。监理单位3人，负责协助建设单位开展相关统筹管理工作，并对EPC总承包单位的工作进行监督管理。此外，EPC总承包单位委托的保洁、核酸及其他人员11人；第三方保安公司团队77人，负责现场安保和巡逻岗哨的值守工作。

为确保项目使用单位维保需求能够得到及时响应，项目按照装饰装修、机电、市政、钢结构、污水处理五大专业，配备相应的专业人员，各专业分工明确、责任清晰。在项目维保组织架构方面，项目建立了"现场保障团队+外部支持团队"的前后台运维保障体系。现场保障团队负责与使用单位对接，接收反馈问题，维保现场管理人员按照专业线进行组织，负责维保实施工作。外部支持团队对场内工作提供技术和后勤支持。这种前后台的运维保障体系有效地提升了运维工作的协同性和效率。

7.5.2 每日巡检，健全运维工作机制

运维期间，项目建立了不间断巡逻执勤机制、分控中心24小时值守机制、24小时固定岗哨机制、报备准入机制、每日防火检查机制等工作机制。①在不间断巡逻执勤机制的要求下，各方管理人员需每天召开碰头会，每日每间隔1小时联合巡查。全场共设置流动巡逻保安2组，每组3人，采用每小时巡逻一次的巡检制度。②在分控中心24小时值守机制的要求下，分控中心设边防围网监控视频，值班分2组，每组2人，每组12小时轮班，及时记录值班情况并存档，如姓名、人数、值班期间边界防控报警时间及地点等。③在24小时固定岗哨机制的要求下，固定岗哨与值守人员需要对执勤过程中发生的事件进行影音记录，值班结束时将记录移交给值守总负责人，由总负责人形成文字记录，同时将交接班记录扫描为电子文件留存。④在报备准入机制的要求下，凡在报警区域内的作业人员，需提前报批并在分控中心备案，现场设置建设单位、监理单位、EPC总承包单位三方管理人员监管。⑤在每日防火检查机制的要求下，项目每天对现场消防进行检查，并形成表格及清单，对发现的问题做到立查立改。

7.5.3 制定详细的运维计划、运维需求及使用工具清单

为确保运维工作有序进行，项目整理了运维工作计划，并明确了项目准备阶段、试运行阶段、维保阶段和移交阶段的各项工作及其执行时间。同时，主体箱工程、室外工程、钢结构工程、机电工程、土建工程、装饰工程等的运维需求，以及用于维保的机

械、材料等运维使用工具被详细列入清单，为后续的运维工作提供了清晰的指导。

7.5.4 快速响应问题，解决使用单位维保诉求

为解决使用单位的维保诉求，项目按照以下流程开展过渡期运维工作。

（1）使用单位报修。使用单位工程部接收维修信息后，先研判问题是否属于可以维修的范围，并向维保管理人员反馈维保需求。

（2）任务单接收。维保管理人员采取白夜班制度，24小时等待接收使用单位维保需求。接到维保需求后，第一时间登记台账，并报告给生产负责人。

（3）维保责任判定及任务下发。生产负责人在接到维保需求单后，联系保修人员或赶赴现场对接，对维保责任进行判定。维保责任判定后，维保负责人对专业维保小组组长下发维保任务，专业维保组组长对单次维保任务负责，施工组第一时间安排施工人员到场维修。

（4）维保响应。专业组和施工组在接到任务单后，及时准备工具物资，快速赶到故障现场，并及时解决维保范围内的软件或硬件故障。

（5）故障维修。施工组进行现场故障的维修实施。维修期间，施工人员应做好成品保护。

（6）维保质量监督。维修期间，专业组应做好现场维修质量监督；维修完成后，施工现场需进行清洁卫生。

（7）维保验收。维保验收包括内部验收和联合验收。内部验收由专业组和施工组进行，内部验收通过后，方可进行联合验收；联合验收通过后，参与验收的各方需在维保任务单上完成验收确认签字。

总体上，过渡期运维工作以"快速响应、专业高效"为原则。EPC总承包单位在接到任务单后需及时准备工具物资，快速赶到故障现场。维保范围内的软件故障应在24小时内解决，常规硬件故障应在48小时内解决。

7.5.5 "三查四定"，持续提升项目品质

为持续提升项目品质，按照建设单位"三查四定"（查设计漏项、查工程质量、查工程隐患；定任务、定人员、定时间、定措施）的要求，项目运维团队在运维过程中不断对项目进行自查，对发现的可优化项形成"三查四定"清单，并对项目防水、道路、管网、绿化等多项内容进行提升，体现了运维团队高度的责任心及超强的执行力。

第3篇 新技术应用

第8章　设计阶段创新技术
第9章　施工阶段创新技术
第10章　BIM创新技术
第11章　智能创新技术

第8章
设计阶段创新技术

8.1 建筑设计创新技术

1. 无风雨环廊设计

应急医院外环以U形环廊串联起全部鱼刺护理单元及医技辅助区，一期与二期用架空连廊连接，无风雨串联起医技共享平台，大幅提升医护及患者的移动与转运的便捷性，体现人性化特点。

2. 标识设计

标识设计结合建筑外立面设计，使整个应急医院项目的外立面变得生动且有活力，缓解患者的紧张情绪。

3. 创新架空层设计

增加箱体底部架空层高度，满足机电管线敷设需求。箱体底部架空层高1.2m，净高1m，满足给水管线、消防主管线、排水管线、送排风管、主电缆桥架敷设要求，便于前期施工组织以及护理单元内部净高提升，并且有利于后期运营期间维护工作的开展。

4. 道路内外环设计

内环、外环道路完全分开，有效控制院内外交叉感染风险。

5. 围挡分区

围挡设置便于生活区、应急医院、方舱设施实行分区管理，且后期可根据运营需求来临时拆改划分。

6. 高标准医疗气体系统

针对新冠肺炎的治疗需求，全病区标准护理单元配置氧气、真空吸引系统；ICU配置氧气、真空吸引、压缩空气系统；手术室配置氧气、真空吸引、氮气、压缩空气、二氧化碳、麻醉废气系统。同时，根据护理分区的不同定义及需要，配置不同的供氧量：标准护理单元为4L/min、ICU为50L/min、高供氧病区为50L/min，100%供氧率，24小时不间断。

8.2 结构设计创新技术

"装配式钢结构+模块化技术"组合体系建造优势在本项目中体现得淋漓尽致,在确保项目快速建造的同时,保证了建筑功能的完整实现。应急院区及方舱院区病室、卫生间、缓冲间、走廊、宿舍等均采用标准化模块设计,最大限度地与集装箱规格尺寸匹配,便于选材及加工,提升安装效率,全面保证施工进度。

1. 装配式钢结构+模块化技术实现快速建造

设计选用"装配式钢结构+模块化技术"组合体系,保证2560个打包箱完成快速无缝拼接。设计方案在总体布局、功能单元分割方面与拟采用的箱体材料充分匹配,采用装配式钢结构箱体的整体解决方案,充分利用其高度的可变性和适应性,通过尺寸基本统一而又灵活的组合方式,柔性适配不同的使用需求。设计主要采用折叠型插接式房屋集装箱(箱体尺寸3m×6m),通过打通若干箱体可灵活拓展空间。院内主要功能区通过3个集装箱拼成1个护理单位(含2个病房),并由相同的集装箱拼接组成走廊。装配式安装操作简单成熟,地上部分现场安装基本无湿作业,在大幅压缩工期的同时更有助于保护环境,提升能效。

2. 工业流水线模块化建造,实现多次循环使用

模块化建筑体系是集围护结构、保温、隔热、隔声、消防、水电、暖通、内部装修、家具及相关设备设施于一体的装配式钢结构箱体,将原本建筑现场建造装修工序90%以上的工作量转换为流水线工业化制造。本项目设计方案充分匹配模块化的建造要求,例如,采用成品卫浴设计方案、功能单元尺度以箱体模数为基础、箱体模块内设备独立子系统等一系列建造和设计融合手段提升流水线化和模块化程度,不仅满足项目高质量、高效率建设的要求,同时符合国家所提倡的绿色环保要求,更重要的是,能在短期应急工作中发挥重要作用,并在完成特定使命后可以原样拆解,在需要时迁移到异地重建,实现多次循环使用。

8.3 给水排水设计创新技术

8.3.1 污水处理系统

采用前置过滤器+深度脱氮系统+消毒系统+生物除臭系统,保证污水处理等稳定达标。

1. 污水处理排放标准及采用工艺

项目污水排放参照《地表水环境质量标准》GB 3838—2002中Ⅳ类标准（总氮除外）的要求；总氮排放参照项目当地标准；粪大肠菌群数（MPN/L）、肠道致病菌、肠道病毒、结核杆菌等参照《医疗机构水污染物排放标准》GB 18466—2005中的传染病、结核病医疗机构水污染物排放限值要求。由于工期紧张，普通污水处理设计难以满足条件，设计选择采用地上集装箱设备，使用前置过滤器+深度脱氮系统+消毒系统+生物除臭系统，保证污水处理达标。

2. 污水处理工艺流程

污水处理工艺流程如图8.3-1所示。

（1）污水处理工艺

医疗废水经管网收集至化粪池，在化粪池前经次氯酸钠预消毒，降低污水中病原微生物含量和活性，减少操作人员的感染风险。然后，通过进水泵井泵入调节池，对来水均质均量，进水泵井前端设置格栅，用以拦截大块漂浮物。

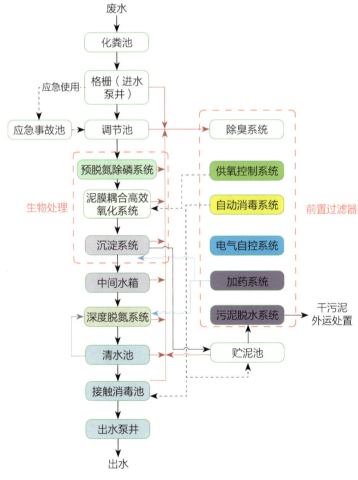

图8.3-1 污水处理工艺流程

出水进入预脱氮除磷系统及泥膜耦合高效氧化系统，该系统主要功能是将水中大分子有机物分解成低级脂肪酸，并实现磷的释放，溶解性有机物被微生物细胞吸收而使污水中BOD_5浓度降低。利用进水中的碳源对回流自好氧单元的硝化液进行反硝化脱氮，实现总氮的去除，同时降解来自污水中的部分有机污染物。

污水经沉淀系统，实现固液分离。上清液经过中间提升泵池进入深度脱氮系统，通过该系统反应进一步去除TN，同时通过深度脱氮系统的过滤截留功能进一步去除SS，使出水可以稳定达到设计要求，而后自流进入强化消毒单元，联合次氯酸钠对出水进行二级强化消毒，彻底消灭污水中的病原微生物。剩余污泥排至污泥池，定期消毒后，由危废处理单位集中清运处置。

（2）污水处理站废气处理工艺

废水处理过程中，因生物氧化还原、机械运转和充氧等产生的废气可能含病原微生物气溶胶、硫化氢、甲烷等，为防止其挥发到大气中造成二次污染，需进行消毒及除臭。系统采用加盖密封设计，废气处理工艺流程为：集气罩→支管道→主管道→UV光解（紫外线分解）→生物除臭→达标排放。

（3）污水处理应急事故处理

本项目设置应急事故池，以保证生化系统出现异常时单组设备的正常运行。在化粪池来水异常情况下，可通过调节阀门将来水提升至应急事故池暂存，而后逐步提升至调节池混合均质处理。若发生停电或两台污水提升泵全部损坏的紧急情况，则可通过提升井溢流管将污水溢流至应急事故池内，保证污水不会外溢。

本项目污水处理站如图8.3-2、图8.3-3所示。

8.3.2 调整化粪池设计

本项目化粪池基坑所在区域地质条件差，在施工过程中，原提升泵井区域在开挖的

图8.3-2　前置过滤器（迈巴盾）内部布置

图8.3-3　污水处理站航拍图

过程中出现了基坑变形,不能满足短期内安全施工的要求。

设计单位根据现场反馈,迅速连夜研讨修改设计方案,在满足规范以及最终正常使用的条件下,减少了化粪池个数,调整了污水提升泵井位置(避开淤泥区域),为现场按期完工交付提供了设计条件。化粪池的原设计及调整后设计如图8.3-4、图8.3-5所示。

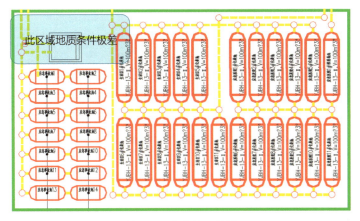

图8.3-4 化粪池原设计

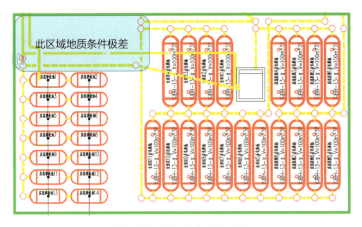

图8.3-5 化粪池调整后设计

8.4 电气设计创新技术

本项目屋面为复合压型钢板,其内衬及下方均无可燃物,金属板厚度不小于0.7mm,被覆层厚度小于0.5mm,采用搭接、卷边压接、缝接、螺钉或螺栓连接,保持永久的电气贯通。按国家标准要求,可直接利用金属屋面作为接闪器。金属屋面、钢檩条应连成电气整体,并与作为防雷引下线的钢柱焊成电气整体。同时,利用墙钢柱作引下线,引下线间距沿周长不大于18m,沿建筑物四周均匀对称布置,上与接闪器、下与接地体连接。金属屋面接闪器做法如图8.4-1所示。

相对于传统支架明敷避雷带，利用金属屋面作为接闪器可不破坏建筑外观效果，同时可节约造价，缩短工期。

图8.4-1　金属屋面接闪器做法

8.5 暖通设计创新技术

（1）护理单元的送排风管大多敷设在1m高架空层，支管穿底板进入房间，主管走室外地面。设计优化了风管走向，避免风管穿外墙，减少漏水点；减少房间内风管安装，增大走廊和房间的净高，提升房间观感。

（2）在征得消防部门认可的前提下，优化小尺寸风管管材，由镀锌钢板风管调整为UPVC管，减少风管漏风量，为后期负压调试打下了基础。同时，UPVC管也更利于快速建造。

（3）卫生通过区按照医护流线分区设有组织送排风系统，形成了微负压状态。其中，护理单元医护通道的脱防护服室、二脱室为相对污染区，仅设排风系统；缓冲间、淋浴、更衣室为相对清洁区，仅设送风系统。针对两种不同区域，分区设置两套独立的通风系统，有利于形成压力梯度，避免院感风险。

（4）设计系统时充分考虑箱体密封性、风系统压力损失及风量平衡，保证压力梯度和气流方向，适当增大负压病房区排风机总风量和全压，系数值考虑为1.2。同时，加大负压病房送排风量的差值，每个病房设置机械式压差表，便于负压调试。

（5）污染区排风机一用一备，满足24小时连续可靠运行，避免院感风险。

8.6 厨房设计创新技术

根据2022年3月8日有关会议精神，本项目设置3280m²中央集成厨房，方案布局满足后期运营使用要求；厨房可满足2万人的供餐需求。

厨房区域设置排油烟系统、排油烟补风系统、全面排风系统、事故排风系统及补风系统。排油烟风量按60次/h考虑。使用燃气的热加工间等按换气次数不少于12次/h设置全面兼事故排风系统，其他加工区、切配区、食品库等按换气次数不少于6次/h设置全面排风系统。补风量为排风量的70%～80%。

使用燃气的热加工间等设置燃气泄漏报警装置，并与事故通风机联锁。厨房排油烟系统要求排油烟罩自带油烟过滤装置，排油烟管接排风机前需经高压静电油烟过滤。

第9章
施工阶段创新技术

9.1 架空层穿插施工创新技术

本项目采用装配式建造方式，应用BIM技术全专业协同工作；对各专业管线图纸进行深化，结合各个专业图纸出具综合管线排布图及BIM模型，解决各专业点位碰撞问题。经过设计定案优化，项目采用首层架空处理，管线集中在架空层以提高室内净空的方案，同时筏形基础完成即可开展机电管线施工，机电管线施工提前插入，减少室内交叉作业，缩短工期。管线架空层布设如图9.1-1所示。

图9.1-1　机电管线集中在架空层

9.2 典型病房楼栋全工序穿插施工创新技术

方舱设施为两层叠箱结构，筏形基础，架空设计，楼栋内涉及机电、消防、装饰等相关专业，共涉及典型工序47项。施工时针对每道工序给予最早插入时间，便于类似应急抢险项目进行参考。全工序穿插施工指引如表9.2-1所示。

方舱院区标准病房全工序穿插施工指引　　　　表9.2-1

序号	施工阶段	施工工序	最早开始顺序	前置完成工序	施工标准	责任单位	备注
1	地基处理	碎石垫层	第1步	—		土建	顺序施工
2		两布一膜	第2步	—		防水	顺序施工
3	筏形基础	模板支护	第3步	—		土建	顺序施工
4		钢筋绑扎	第4步	—		土建	顺序施工
5		防雷扁钢及机电套管预埋	第5步	—		机电	顺序施工
6		混凝土浇筑及养护	第6步	—		土建	顺序施工
7	结构箱体	钢支墩后植埋件	第7步	—		钢结构	顺序施工
8		钢支墩安装	第8步	—		钢结构	顺序施工

续表

序号	施工阶段	施工工序	最早开始顺序	前置完成工序	施工标准	责任单位	备注
9	结构箱体	一层箱体吊装及校正	第9步	—		钢结构	顺序施工
10		一层箱体焊接及锁箍	第10步	—		箱体厂家	顺序施工
11		一层箱体顶面防水胶条	第11步	—		箱体厂家	顺序施工

9.3 组合桁架加固创新技术

根据建设需求，应急医院设置100床ICU、手术室及配套的放射科、检验科、输血科等，此类病房较医护单元荷载设计值更大，超过标准箱体底板承载极限。而加厚箱体底板将带来箱体产线调整，难以满足工期要求。为了不影响建造工期，减少施工过程中过多的工序穿插，本项目采用组合桁架对箱体底板进行加固，以增大底板承载力，满足使用功能需求。

9.3.1 加固方案

精确分析活荷载范围，对不同活荷载区域采用不同的箱底加固做法。具体做法如表9.3-1和图9.3-1所示。

不同活荷载区域箱底加固做法　　　　　表9.3-1

序号	活荷载（LL）区间（kN/m²）	做法大样
1	3≤LL<5	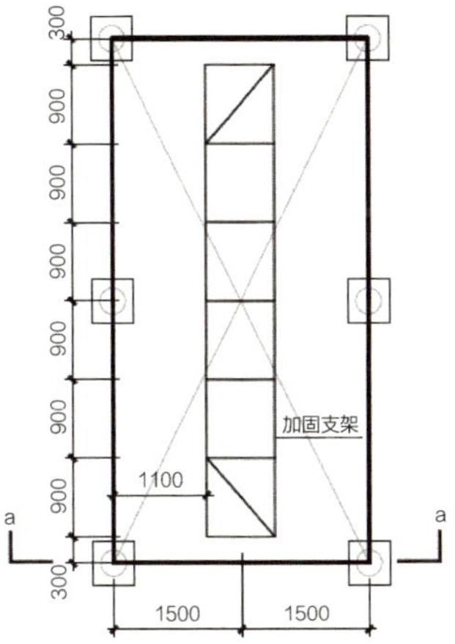 箱底加固做法一 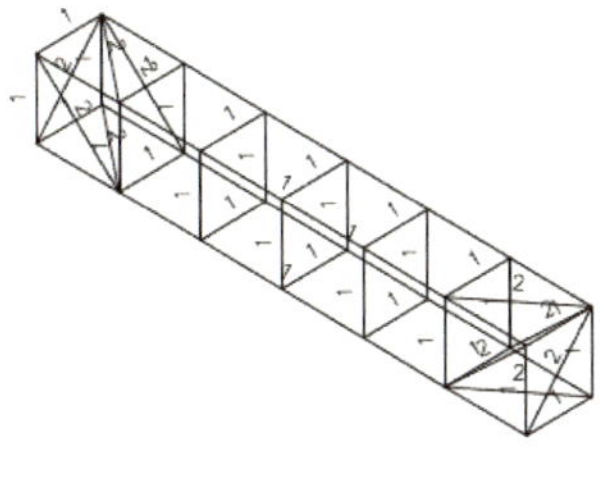 箱底支撑桁架三维示意图（桁架长×宽×高：800mm×1000mm×5400mm） 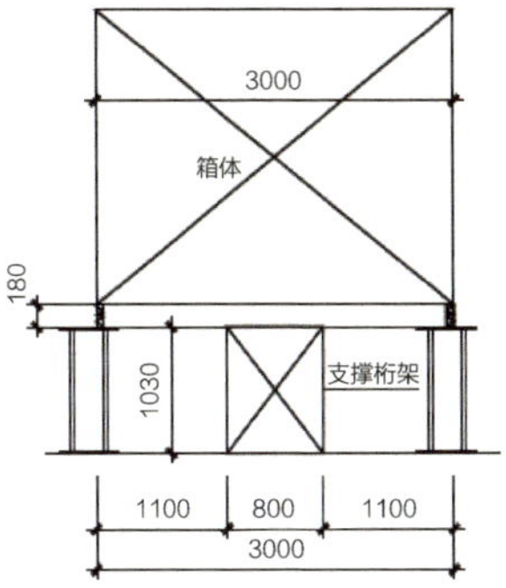 a—a剖面 注：如地面不平，支架底部调平。 截面表 构件编号 | 截面尺寸（mm）| 材料 | 备注 1 | D50×50×4 | Q235B | 水平和竖向杆件 2 | D50×50×4 | Q235B | 斜杆
2	5≤LL≤7	箱底加固做法二 箱底支撑桁架三维示意图（桁架长×宽×高：800mm×1000mm×5400mm）

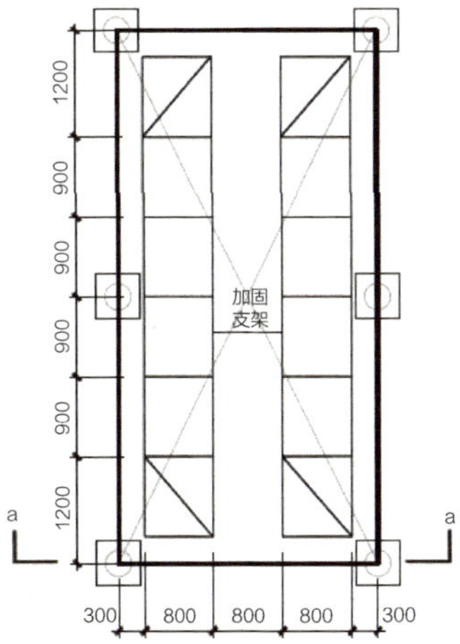

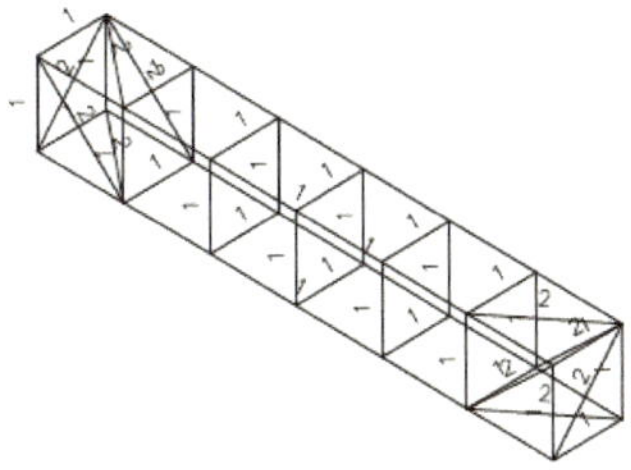

第9章 施工阶段创新技术

续表

序号	活荷载（LL）区间（kN/m²）	做法大样
2	5≤LL≤7	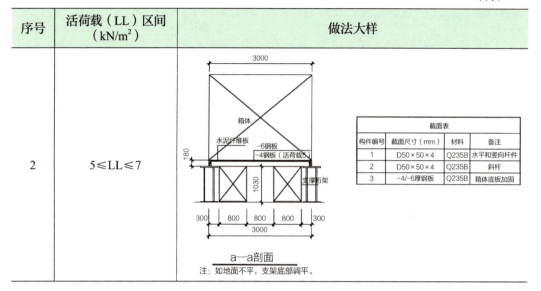

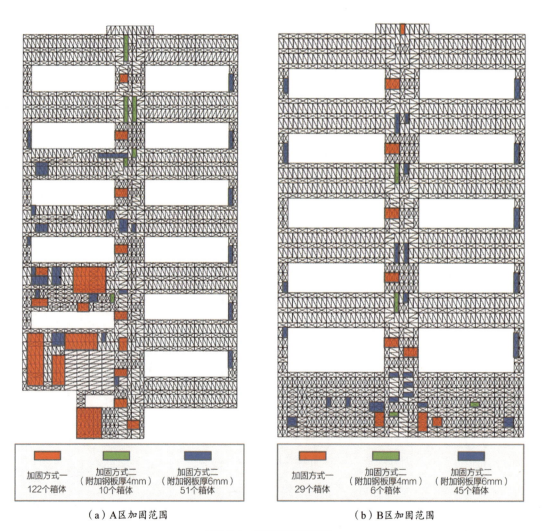

（a）A区加固范围　　　　　　　　（b）B区加固范围

图9.3-1　加固范围示意图

9.3.2 加固桁架施工

1. 底板加固

(1)针对需加强底板自身承载力(即需增设钢板)的箱体,在底板预拼装阶段,替换钢板至底框次梁上方,再铺设底板水泥纤维板(图9.3-2)。实际施工中,荷载需求在部分箱体拼装完成后才提出,因此存在部分箱体于现场加固的情况。

图9.3-2　水泥纤维板铺设

(2)提前放线测量筏板标高,对于底板超高处进行混凝土剔凿(图9.3-3);对于标高不足处采用二次浇筑或采用垫块找平(图9.3-4),确保桁架与底框接触受力传递良好。

图9.3-3　混凝土剔凿　　　　　　图9.3-4　垫块找平

2. 埋件预埋

土建专业的钢筋网绑扎完成后进行埋件安装。首先,在地面放出埋件的位置,并进行标记。然后,在埋件顶部画线,标识十字线,用于调整位置与标高。接着安装埋件,并进行位置与标高的调整,调整完成后,将埋件与钢筋网焊接牢固。浇筑混凝土,待混凝土达到上人强度后,重新复核埋件的位置与标高。具体操作步骤如图9.3-5所示。

3. 架空钢管柱安装

钢管柱安装前,先复核埋件的位置与标高,并在埋件旁边的混凝土面上,标出位置

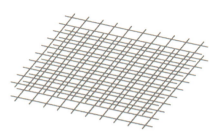

（a）第一步，绑扎筏板钢筋网

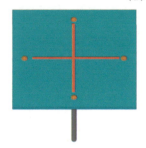

（b）第二步，埋件顶部标识十字线

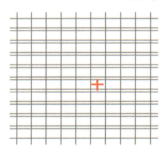

（c）第三步，在地面钢筋网上进行埋件放线

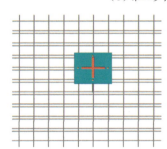

（d）第四步，安装埋件并调整埋件的位置与标高

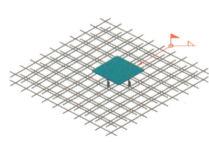

（e）第五步，埋件与钢筋网焊接牢固

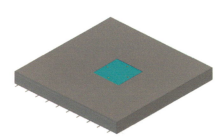

（f）第六步，浇筑混凝土

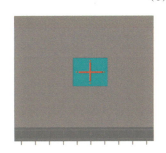

（g）第七步，混凝土达到强度后，重新复核埋件位置与标高

图9.3-5 埋件预埋操作步骤

与标高的偏差数据与方向。然后，在钢管柱顶部画线，标识十字线，用于调整位置与标高。接着在地面放出钢管柱的位置并进行标记。钢管柱安装就位后，进行位置与标高的调整；调整完成后，将钢管柱底部与埋件焊接牢固；焊接完成后，复核钢管柱的位置与标高。

鉴于钢管柱的质量较小，只有130kg，可使用叉车进行钢管柱的运输与辅助安装。将钢管柱平放在托板上，先用叉车运输到指定位置，到达安装位置后，使用叉车卸车，并将钢管柱由水平放置改为垂直放置，并微调钢管柱的平面位置，以符合钢管柱的安装位置要求。钢管柱安装步骤如图9.3-6所示。

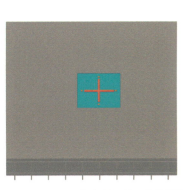

（a）第一步，复核埋件位置与标高

（b）第二步，钢管柱顶部标识十字线

（c）第三步，在地面进行钢管柱放线

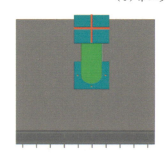

（d）第四步，安装钢管柱并调整其位置与标高

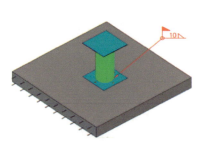

（e）第五步，钢管柱与埋件焊接牢固

（f）第六步，复核钢管柱位置与标高

图9.3-6　钢管柱安装步骤

4. 箱体安装

箱体安装前，先复核钢墩的位置与标高，并在顶部钢板上标出位置与标高的偏差数据与方向。然后，在钢墩顶部进行箱体的放线，并进行标记。箱体安装就位后，进行箱体位置与标高的调整；调整完成后，将箱体底部与钢墩焊接牢固；焊接完成后，复核箱体的位置与标高。箱体安装步骤如图9.3-7所示。

（a）第一步，复核钢墩位置与标高

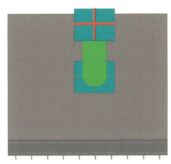 

（b）第二步，在钢墩顶部进行箱体放线

（c）第三步，安装箱体并调整其位置与标高

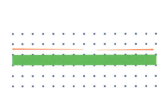 

（d）第四步，从中间往两侧安装一层中间走道箱

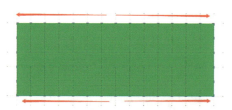

(e)第五步,从中间往两侧安装一层边箱(二层安装顺序同一层)

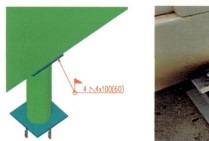 

(f)第六步,箱体与钢墩焊接牢固(角部与梁中位置)

图9.3-7 箱体安装步骤

5. 箱体紧固

箱体主要采用钢结构集装箱,由底层、顶层、角柱、墙面组成。箱体与箱体之间采用螺栓连接,连接部位为角柱上预留的固定孔。箱体紧固步骤如图9.3-8所示。

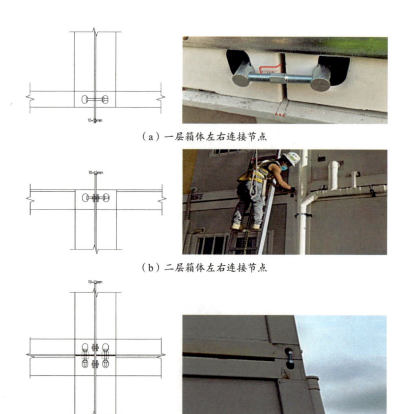

(a)一层箱体左右连接节点

(b)二层箱体左右连接节点

(c)箱体上、下层连接节点

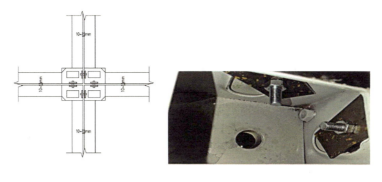

（d）一、二层箱体顶框四角连接

图9.3-8　箱体紧固步骤

9.4 屋面支撑结构装配式施工创新技术

9.4.1 屋面桁架结构设计

屋面采用三角桁架结构形式，主要分为两种类型：一种是应急医院A、B区的屋面桁架，采用对称双榀结构形式；另一种是宿舍区及附属设施的屋面桁架，采用单榀三角结构形式。其三维模型如图9.4-1所示。

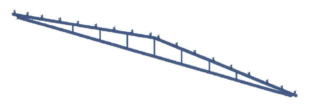

图9.4-1　三角桁架结构三维模型

9.4.2 屋面桁架结构施工

屋面桁架结构全部在工厂进行加工，且采用的材料为镀锌方通型材，工厂仅需按照尺寸进行组焊，然后现场对成榀进行吊装施工。屋面桁架结构三维模型及吊装施工如图9.4-2、图9.4-3所示。

采用该屋面桁架结构后，在设计、加工、施工等各环节均节约了时间，提高了效率。结构设计简化了单榀屋面桁架内的复杂缀杆，采用上下弦整体结构设计，确保了组拼及吊装过程中的安全性；桁架结构加工采用镀锌方通型材，减少了再次油漆的工序，取消了单根构件的组焊。同时，在施工方面，单榀屋面桁架做了最大的轻量化设计，单榀吊重为0.5t，减小了吊装设备选用和吊装的难度。

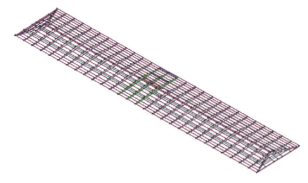

图9.4-2 屋面桁架结构三维模型

图9.4-3 屋面桁架现场吊装施工

9.5 金属屋面装配式施工创新技术

9.5.1 金属屋面设计情况

本项目金属屋面的总体设计思路借鉴了以往应急医院项目的屋面设计方案，在箱体上加装金属屋面层。设计对屋面下部的支撑体系和屋面的部分节点进行了优化，以满足快速建造需求和质量要求。本项目金属屋面设计的三个重点为：①确保箱体顶部不被雨水淋湿造成漏水隐患；②金属屋面抗风揭性能需满足规范要求；③最大可能地使箱体屋面设计简单、外形美观、施工高效。

1. 金属屋面体系

本项目金属屋面体系分为两种：一种是50mm厚950型岩棉夹芯板屋面体系（图9.5-1），适用于应急医院A、B区，以及1号、2号、3号仓库屋面；另一种是0.6mm厚YX35-123-750压型钢板屋面体系（图9.5-2），适用于宿舍区、方舱区及其他附属设施的屋面。全

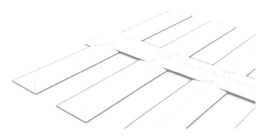

图9.5-1　50mm厚950型岩棉夹芯板屋面体系　　图9.5-2　0.6mm厚YX35-123-750压型钢板屋面体系

部屋面采用四坡屋面的外形设计，坡度分别为10%和26%。

天沟也采用两种：一种是适用于应急院区的镀锌天沟；另一种是适用于宿舍区、方舱区及其他附属设施的成品天沟。如图9.5-3所示。

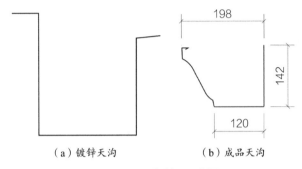

（a）镀锌天沟　　（b）成品天沟

图9.5-3　天沟剖面示意图

2. 金属屋面典型节点构造设计

（1）岩棉夹芯屋面板构造做法

岩棉夹芯屋面板通过自攻螺钉与檩条进行连接，每个波峰都需施打自攻螺钉，且施打自攻螺钉处需粘贴丁基胶带并增设防水盖片。两块屋面板搭接处扣紧后，用自攻螺钉固定，上部安装帽盖进行密封防水。构造做法如图9.5-4所示。

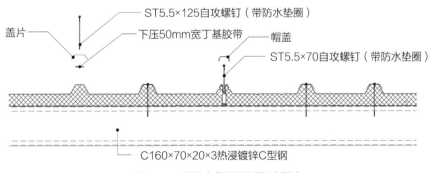

图9.5-4　岩棉夹芯屋面板构造做法

（2）屋面节点做法

屋脊及阴脊位置如图9.5-5所示。

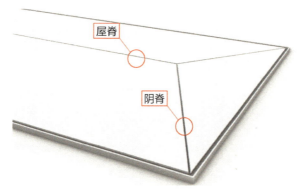

图9.5-5 屋脊及阴脊示意图

屋脊收边件包括底部的屋脊内衬板及上部的屋脊盖板,其作用是增强抗风揭能力。波谷位置需增设挡水板及结构胶,以防止雨水倒灌;屋面板端部外板上翻处理。屋脊节点做法如图9.5-6所示。

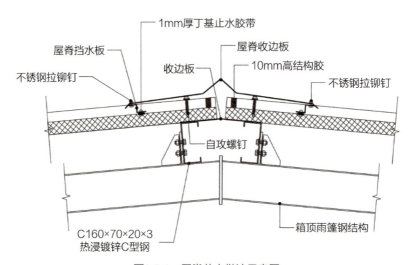

图9.5-6 屋脊节点做法示意图

由于屋面阴脊处屋面板端部无通长檩条进行支撑,需增设两根通长∟50×3角钢支撑屋面板。阴脊收边件包括底部的屋脊内衬板及上部的屋脊盖板,其作用是增强抗风揭能力。波谷位置需增设挡水板及结构胶,以防止雨水倒灌;屋面板端部外板上翻处理。阴脊节点做法如图9.5-7所示。

(3)檐口节点做法

檐口天沟(图9.5-8)沿鱼刺鱼骨周边布置,天沟侧边采用收边件进行遮挡,起美观作用;天沟底部至箱房屋面间的空隙采用YX12-255-900压型钢板进行封边处理。天沟内部设置重力式雨水斗,采用重力式排水。檐口节点做法如图9.5-9所示。

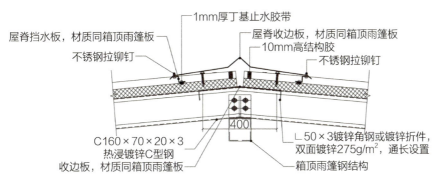

图9.5-7 阴脊节点做法示意图

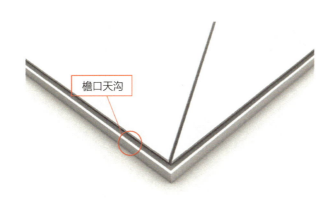

图9.5-8 檐口天沟示意图

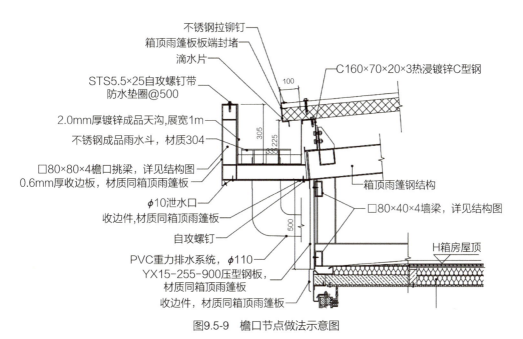

图9.5-9 檐口节点做法示意图

（4）内天沟节点做法

本项目内天沟形式分为两种：内天沟1和内天沟2。如图9.5-10所示。

内天沟1采用与屋面外板同材质板材折成，起引流作用。同时，增设两根通长

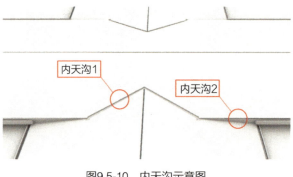

图9.5-10 内天沟示意图

∟50×3角钢用作内天沟支撑,并每隔500mm设置一道扁钢支架。对内天沟两侧屋面板采取有效措施进行封堵,增设堵头并打胶处理。其节点做法如图9.5-11所示。

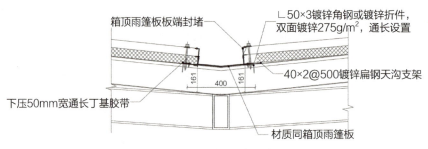

图9.5-11 内天沟1节点做法示意图

内天沟2采用与屋面外板同材质板材折成,起引流作用。内天沟2直接放置在檩条上部,两根檩条中间设置一道扁钢支架。其节点做法如图9.5-12所示。

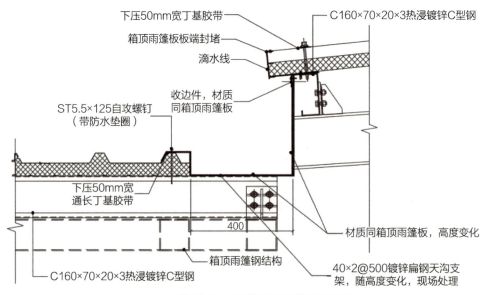

图9.5-12 内天沟2节点做法示意图

（5）山墙节点做法

山墙（图9.5-13）位于鱼骨端部，采用YX12-255-900压型钢板进行封边处理，墙板上部及下部设置包边件，起美观作用。山墙节点做法如图9.5-14所示。

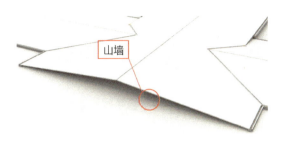

图9.5-13　山墙示意图

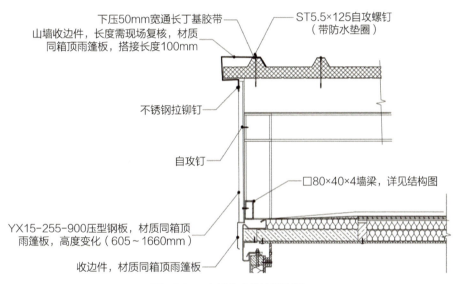

图9.5-14　山墙节点做法示意图

（6）伸缩缝节点做法

根据结构设计，在钢架断开位置设置伸缩缝，两侧屋面板在此处断开，屋面板下部设置内衬板，上部设置伸缩缝盖板。伸缩缝节点做法如图9.5-15所示。

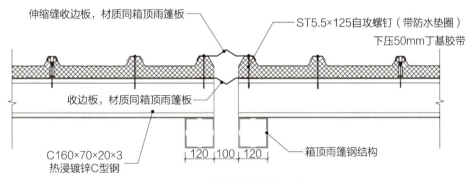

图9.5-15　伸缩缝节点做法示意图

9.5.2 标准施工工艺

(1) 单板搭接铺设工艺如图9.5-16所示。

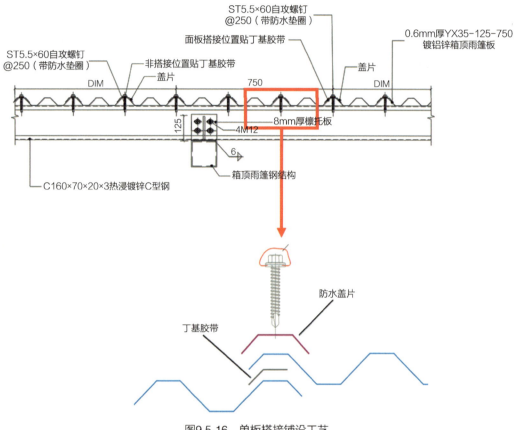

图9.5-16 单板搭接铺设工艺

(2) 成品天沟安装工艺如图9.5-17所示。

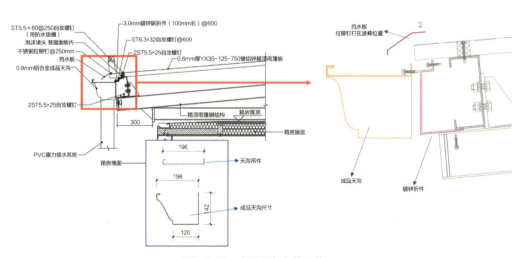

图9.5-17 成品天沟安装工艺

本项目在宿舍区及附属用房等位置采用了成品天沟，大大加快了现场安装速度，且不受钢结构施工影响。

（3）屋脊盖板安装工艺如图9.5-18所示。

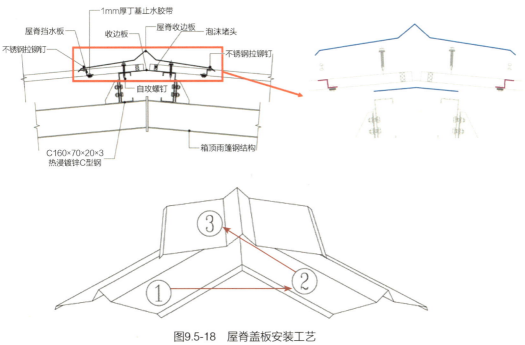

图9.5-18　屋脊盖板安装工艺

9.6 箱体柔性防水体系施工创新技术

9.6.1 柔性防水体系设计思路

设计充分利用箱体自带的防水系统（箱顶蒙皮、侧墙、门窗）、排水系统（每件箱体4个角部均内置50mm的落水管），通过重点处理箱体拼缝处的防水做法，做到以"排"为主，"防""排"结合，确保整体防水效果达到设计预期。

1. 箱体自防水构造做法

箱体自防水系统由箱顶蒙皮、侧墙、门窗等组成封闭空间，达到良好的防水效果，其构造做法如图9.6-1所示。目前，集装箱房已大量应用于临时建筑以及各类应急工程中，其箱体自身的防水效果经过大量工程实践，工艺已趋成熟（图9.6-2）。

2. 箱体拼缝防水构造做法

箱体拼缝处防水构造是柔性防水体系的重要一环，其构造做法如图9.6-3所示。

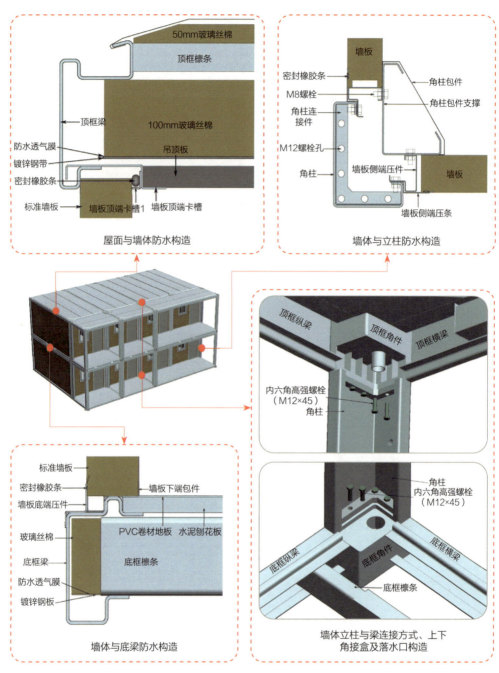

图9.6-1 箱体自防水构造做法

图9.6-2 箱体三维示意及箱顶工厂加工实景

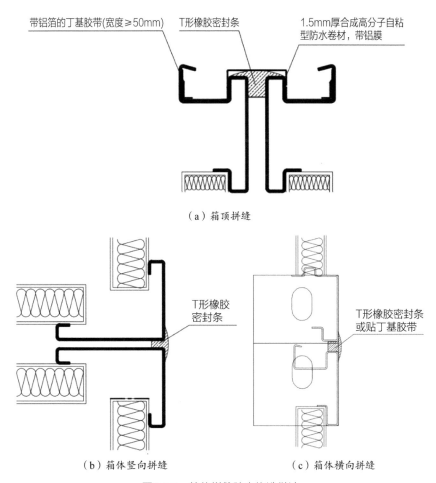

图9.6-3 箱体拼缝防水构造做法

3. 柔性防水体系排水做法

（1）排水路径设计

柔性防水体系充分利用箱体自排水设施进行有组织排水设计，排水路径如图9.6-4～图9.6-6所示。

（2）排水流量验算

参照暴雨强度计算式：

$q=1450.239\times(1+0.594\lg P)/(t+11.13)^{0.555}$

按重要公共建筑屋面设计重现期P取10年，降雨历时t取5min，则每个箱体雨水量$q=0.89$L/s。

直径50mm的UPVC排水管排水能力约1.5L/s，每个箱体共设4根排水管，则总排水能力$Q=1.5\times4=6.0$L/s$>q=0.89$L/s，满足箱体屋面雨水排水需求。

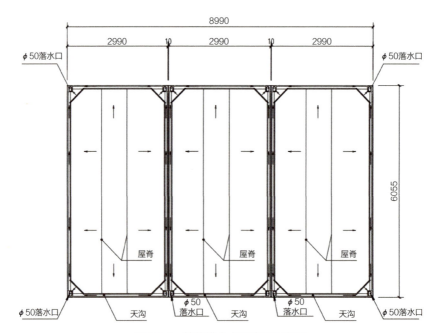

图9.6-4 箱体排水水平路径示意图

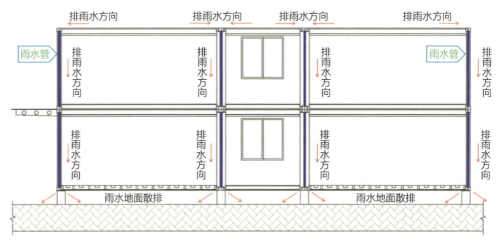

图9.6-5 箱体排水立面路径示意图

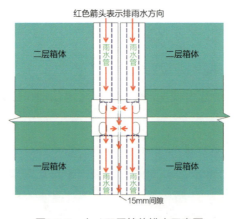

图9.6-6 上、下层箱体排水示意图

9.6.2 柔性防水体系难点分析及对策

1. 难点一及对策

本项目采用叠箱结构形式,由多个箱体相互拼接而成,箱体拼缝处若出现移位,易导致箱体防水开裂。为此提出以下对策。

(1)对地基采用冲击碾压进行压实后,满铺300mm厚碎石,再进行振动碾压,并在设计上采用刚度及整体性较强的整体筏形基础,筏板厚300mm,可避免箱体间发生不均匀沉降。如图9.6-7所示。

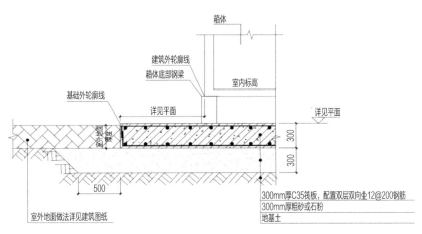

图9.6-7 建筑底部筏形基础设计做法

(2)一层箱体底部与钢支墩采用角焊缝进行连接,避免箱体出现移位,同时增加楼栋抗风压能力。如图9.6-8所示。

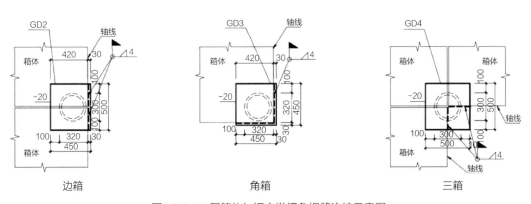

图9.6-8 一层箱体与钢支墩间角焊缝连接示意图

(3)箱体两侧以及上、下层箱体均采用专用锁扣连接,使整栋箱体形成整体,防止箱体间产生相对移位。如图9.6-9 ~ 图9.6-13所示。

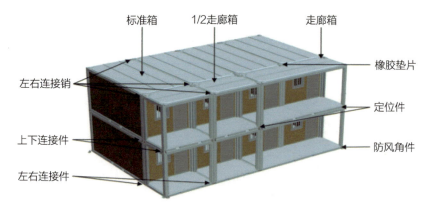

图9.6-9 箱体拼装处连接件设置示意图

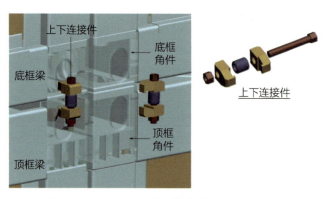

图9.6-10 二层及二层以上箱体连接件设置示意图

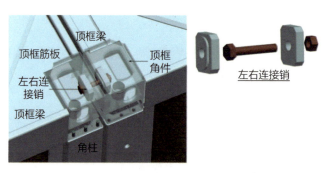

图9.6-11 左右相邻箱体顶框角件内部示意图

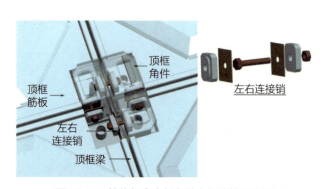

图9.6-12 箱体组合内部角件之间连接示意图

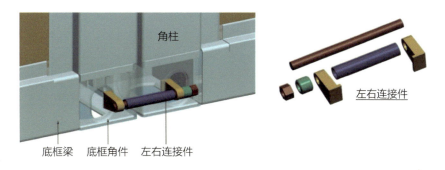

图9.6-13 左右相邻的首层箱体底框角件外部连接示意图

2. 难点二及对策

箱体拼缝设计宽度为15mm，拼缝宽度将影响T形胶条塞缝的松紧度：拼缝过小胶条无法塞入，拼缝过大则胶条不够紧密。为此提出以下对策。

（1）一层箱体吊装前在钢支墩上逐个测量画线，设置十字定位线。箱体吊装就位后进行位置精调，并通过15mm标准卡件精确控制箱体拼装间隙。如图9.6-14所示。

图9.6-14 一层箱体拼装间隙控制示意图

（2）安装二层箱体时，将定位件固定于下层箱体顶框角件上方定位孔内，通过定位件精确控制上、下层箱体的拼装精度。如图9.6-15所示。

（3）定制一批特制宽边胶条和窄边胶条，用于拼缝过大或过小等特殊区域，确保T形胶条在箱体拼缝中填塞紧密。如图9.6-16、图9.6-17所示。

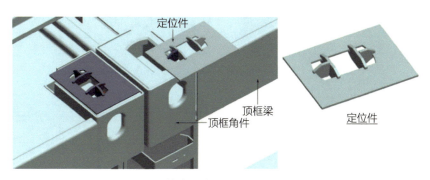

图9.6-15 二层箱体通过定位件控制定位精度示意图

图9.6-16　箱体顶部拼缝胶条塞缝紧密　　图9.6-17　墙面竖向拼缝胶条塞缝紧密

3. 难点三及解决措施

夏季温度较高,对防水卷材与金属基层的粘结性、耐高温性要求较高。本项目采用品牌库内一线防水品牌,并选用其中耐高温、粘结性能好,且已应用于类似工程的材料型号,并对进场卷材进行高温及粘结性能复检试验(图9.6-18),合格后方能投入使用。

4. 难点四及解决措施

因箱体吊装孔设置于箱体集水槽侧壁,且机电桥架安装需在箱体走廊盖板上开孔,雨水自吊装孔渗入时极易从盖板孔洞流入室内,如图9.6-19、图9.6-20所示。为此提出以下对策。

图9.6-18　防水卷材复检报告

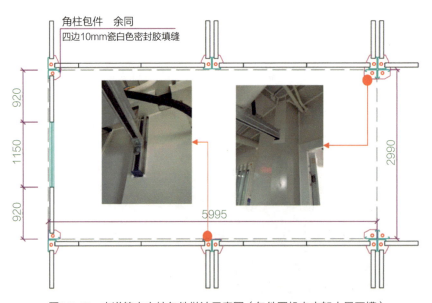

图9.6-19　走道箱内立柱包件做法示意图(包件因机电支架大量开槽)

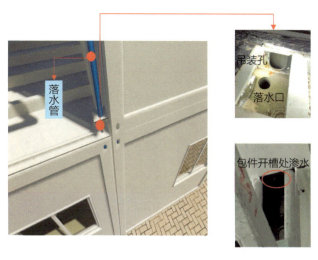

图9.6-20　雨水进入走道箱室内示意图

（1）单排、双排内走廊形式布局时，对标箱与走道箱6m端中部相接的顶框角件朝向走道箱的吊装孔塞入橡胶垫片，并用中性硅酮耐候胶进行密封。如图9.6-21所示。

（2）对箱顶T形缝处吊装孔、设置锁紧件处的吊装孔等采用泡沫胶、自粘性卷材、硅酮结构胶等进行封堵。如图9.6-22所示。

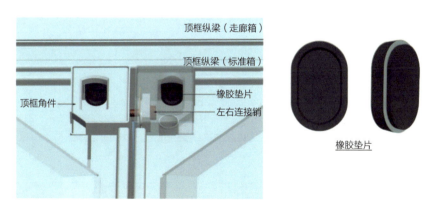

图9.6-21　朝向走道箱的吊装孔采用橡胶垫片封堵示意图

图9.6-22　设置锁紧件处的吊装孔封堵

（3）对走道箱室内包件开槽、开洞处进行封堵处理。采用硅酮结构胶+丁基胶带进行封堵，构建室内防水的第二道防线，确保因特殊原因吊装孔封堵不严出现渗水时通过箱体间15mm间隙流入筏板，渗水不得进入室内。如图9.6-23、图9.6-24所示。

图9.6-23　T形拼缝处包件封堵　　图9.6-24　十字形拼缝处包件封堵

5. 难点五及对策

箱体顶棚蒙皮较薄，人员来回走动易造成损坏。为此，制定箱顶行走路径图（图9.6-25），对管理人员及作业人员进行交底，警示所有人员尽量靠近箱体间的拼缝行走，并于施工完成后进行全面检查，对破损处及时采用结构胶+丁基胶带的方式进行修补。

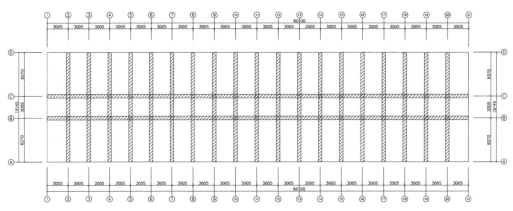

箱体屋面水平行走通道示意图

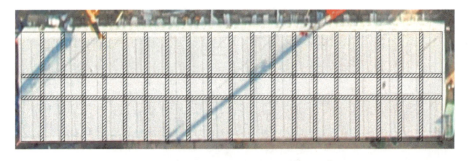

说明：屋面施工及验收时，应尽量靠近箱体间拼缝处行走，防止踩坏箱体面板。▨ 行走路径

图9.6-25　箱顶行走路径示意图

9.6.3 箱体柔性防水体系施工流程

箱体柔性防水体系施工工艺流程如图9.6-26所示，施工工序如表9.6-1所示。

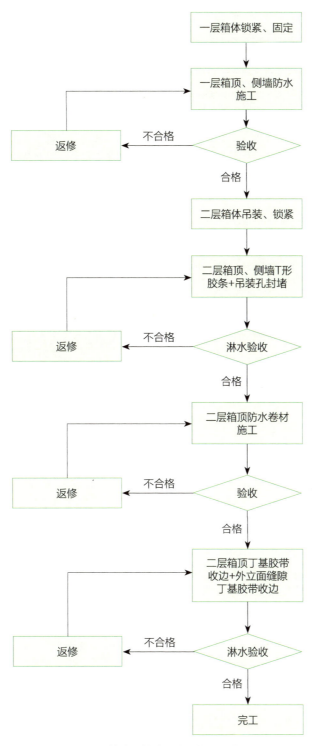

图9.6-26　箱体柔性防水体系施工工艺流程

箱体柔性防水体系施工工序汇总　　　　表9.6-1

序号	工序	图示
1	一层箱体焊接及锁箍	
2	一层箱体间拼缝T形胶条施工及吊装孔封堵	 
3	一层箱体拼缝处丁基胶带施工	
4	二层箱体吊装、校正、锁紧、屋面及墙面胶条塞缝、吊装孔封堵施工	 

续表

序号	工序	图示
5	箱体自防水阶段淋水试验	
6	防水卷材施工	
7	丁基胶带压边施工	
8	外立面缝隙丁基胶带收边	
9	最终淋水试验	

9.6.4 箱体柔性防水体系施工技术要点

箱体柔性防水体系施工技术要点汇总见表9.6-2。

箱体柔性防水体系施工技术要点汇总　　　　表9.6-2

序号	工序	施工技术要点
1	箱体焊接及锁箍	一层箱体经校正完成，进行焊接锁箍工序时，方可同步开展箱体间拼缝防水施工
2	箱体间拼缝T形胶条施工及吊装孔封堵	（1）胶条塞缝施工前，应完成箱体的测量校正工作，防止箱体挪动，导致胶条填塞不实； （2）吊装孔封堵应首先采用泡沫胶进行填塞，再用密封胶封堵缝隙，确保封堵气密性。施工后，应检查雨水管是否堵塞
3	防水卷材施工	（1）控制卷材原材料满足图纸及规范的防水要求，并在施工完成后及时进行拍打，确保卷材与基层粘结牢靠、无空鼓； （2）卷材之间应确保至少5cm搭接距离，不得存在缝隙； （3）卷材封堵施工前应进行雨水管内部垃圾清理及疏通
4	丁基胶带压边施工	丁基胶带施工前应对粘贴基底进行全面检查，基层表面应保持干燥、无浮土。施工后，丁基胶带与基层粘结处不能撕裂、剥离
5	二层箱体吊装	在二层箱体吊装前务必通知监理及EPC总承包单位进行一层防水施工验收，合格后方能进行二层箱体吊装

9.7 装饰装配式施工创新技术

9.7.1 产品化

不同于常规的项目，本项目建设之初就考虑到了施工场地的局限性，因此在箱体组装完成后立即介入标准护理单元的装饰工程施工，主要涉及对机电工作面影响较大的部分，如PVC地胶板的铺贴与地胶板保护、传递窗口的基层板安装及不锈钢收边、集成卫浴安装等。当上述工作完成后，箱体贴好标识，即可作为成品发运到施工场地，箱体内仅保留踢脚线安装、箱体扣条、负压打胶及门边不锈钢收边工作，大大提高了施工效率。

箱体的产品化不仅可以提高施工效率，避免交叉施工造成的成品破坏，还可以为机电施工留出足够的作业面，减轻了施工现场的防疫维稳后勤压力。

从集成化角度来看，本项目较以往应急医院具有显著提升，这也是本项目能顺利完成的基础。但从实际来看，本项目的集成化在以下方面还可进一步提高：①箱体的门套包边可以尝试提前安装，但这是以箱体吊装的准确性为前提的；②箱体的扣条可提前安装，其前提条件是机电管线全部走明线槽，且通过对比发现，扣条提前安装可减少管线破口，更美观，集成程度也更高；③基于箱体扣条的提前安装，可以将踢脚线的安装前置。

9.7.2 逆作法

考虑箱体间的拼接缝处理，走道箱体的装修施工安排在施工现场。正常的施工流程为机电等专业完成施工后装饰专业再开始，但本项目的难点在于：现场施工人员数量极多，工作面较小，交叉"碰撞"情况严重。根据以往应急医院项目建设经验，考虑到地胶板的工艺特性，一是工作面需清空，待清空后清理基层才可进行地胶板施工，二是地胶板施工完成后过2~3小时方可上人，因此，根据工艺流程将PVC地胶板的施工前置，在箱体吊装就位且校正完成后立即插入地胶板施工，待地胶板施工完成且保护后机电专业再大面积展开，给机电专业留出充足的作业面。

9.7.3 单元化

1. 雨篷骨架的单元化

传统的玻璃雨篷安装工艺主要为：测量放线→骨架安装→玻璃安装→铝板安装→打胶收口。其中，骨架的焊接施工占用施工时间较长，因此在现场安装前将雨篷钢骨架划分为若干个单元，形成单元骨架。单元骨架在场外加工为成品后拉到现场，通过吊车辅助安装就位，现场的骨架施工仅剩单元骨架的焊接工作，不仅大大节省了现场的焊接时间，还减少了消防隐患。根据现场实际情况，一般单元骨架按6m一段作为一个单元，能够减少现场80%的焊接量。雨篷骨架安装如图9.7-1所示。

图9.7-1 雨篷骨架安装示意图

2. 不锈钢栏杆、格栅吊顶的单元化

不锈钢栏杆施工的主要工序是焊接。项目通过工艺深化，将不锈钢栏杆提前焊接好，考虑到栏杆的重量及栏杆形式，将栏杆分为3跨一个单元、5跨一个单元、7跨一个单元，最多不能超过7跨，否则栏杆重量过大，将导致施工不便。单元栏杆运送到现场，

其立柱与楼梯焊接好后即可完成安装，大大提高了安装效率。

应急医院接诊大厅雨篷格栅吊顶、方舱医院出入院楼室内格栅吊顶也采用了单元化的形式，极大地提高了施工现场的安装效率。不锈钢栏杆、格栅吊顶单元化安装如图9.7-2、图9.7-3所示。

图9.7-2　不锈钢栏杆单元化安装示意图

图9.7-3　格栅吊顶单元化安装示意图

第10章 BIM创新技术

10.1 设计阶段BIM应用

10.1.1 BIM模型搭建、集成和更新

本项目建设过程中，存在参与协调的人数众多、专业复杂模型数量庞大等问题，为了避免版本混乱及错位，对模型进行了系统性管理。一方面，通过设置轴网，将每栋楼的建筑、结构和机电模型合并，制定每栋楼的空间位置，明确楼栋间相对位置关系，并发给各参建单位，由此确保最终整合模型位置一致；另一方面，在设计过程中，通过统一实时录入更新模型，保持信息一致。

10.1.2 BIM辅助方案比选

本项目设计阶段时间紧急，对设计的需求又较高，因此，形成了模数化、标准化、快速建造的设计理念。在设计过程中，采用BIM技术进行可视化分析，对项目整体造型、外立面造型进行优化调整，辅助设计方案比选，把控设计效果，从而确保工程质量，避免因各专业设计不协调和设计变更产生的"返工"等经济损失，同时缩短工期，节约项目成本。方案前期阶段，通过BIM技术进行方案比选，协助确定室内方案，如图10.1-1所示；

（a）4人间（无整体卫浴）方案

（b）3人间（有整体卫浴）方案

（c）4人间（有整体卫浴）方案

（d）2人间（有整体卫浴）方案

图10.1-1 室内方案比选

通过BIM可视化分析，协助确定室外架空层高度，如图10.1-2和图10.1-3所示。

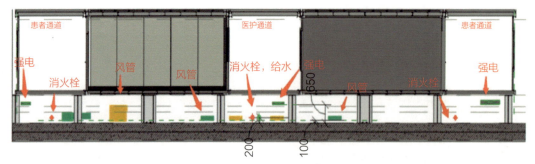

剖面一（未包含排水支管）

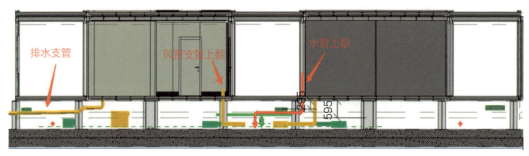

剖面二（包含排水支管）

说明：送排风管道底距地面100mm安装（极限施工），分散排布；桥架底距地面650mm，上方预留250mm施工维修空间，消火栓及给水管管中距地200mm安装。

图10.1-2　方案一：室外架空层高度为1m

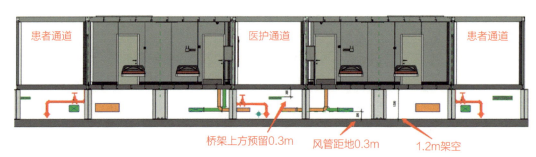

剖面（未包含排水支管）

说明：送排风管道底距地面300mm安装（建议预留的施工空间），分散排布；桥架底距地面900mm（距板底900mm），上方预留300mm施工维修空间，消火栓及给水管管中距地300mm安装。

图10.1-3　方案二：室外架空层高度为1.2m

室外风机支架方案比选如图10.1-4所示。为避免在选用各种支吊架时因选用规格过大造成浪费，或选用规格过小造成事故隐患等现象，通过对设计图纸的综合分析及深化设计，考虑到方案一支架需求量大，施工难度较大，材料协调较为困难，最终确定采用方案二。

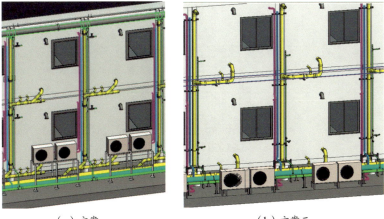

（a）方案一　　　　　　　　　　（b）方案二

图10.1-4　室外风机支架方案比选

10.1.3 碰撞检查及净空分析

各专业碰撞检查如图10.1-5所示。本项目基于建筑、结构、钢结构和机电等专业的协作模式，可运用BIM技术开展净高分析，提前发现净高不够的位置，提出改变风管尺寸或变更路由等保证室内净高的方案，并结合方案对管综模型进行初步调整。调整后，基于新的模型进行二次机电深化，以保证所有预留孔洞加工位置的准确性。

风管布置与建筑冲突　　　水管冲突　　　风管与空调机冲突　　　消火栓冲突

图10.1-5　各专业碰撞检查示意图

为了满足项目需求，应急医院一期、二期机电针对材质及系统做了大量的修改，不仅考虑到施工便利性，还从施工工序角度，考虑方便现场施工、快速施工等做法。基于管线综合模型深化后，得到的净高分析如图10.1-6、图10.1-7所示。

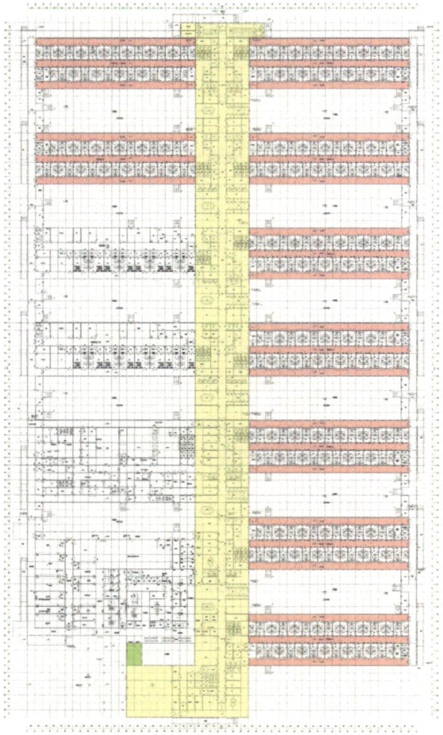

图10.1-6 应急医院一期、二期净高分析

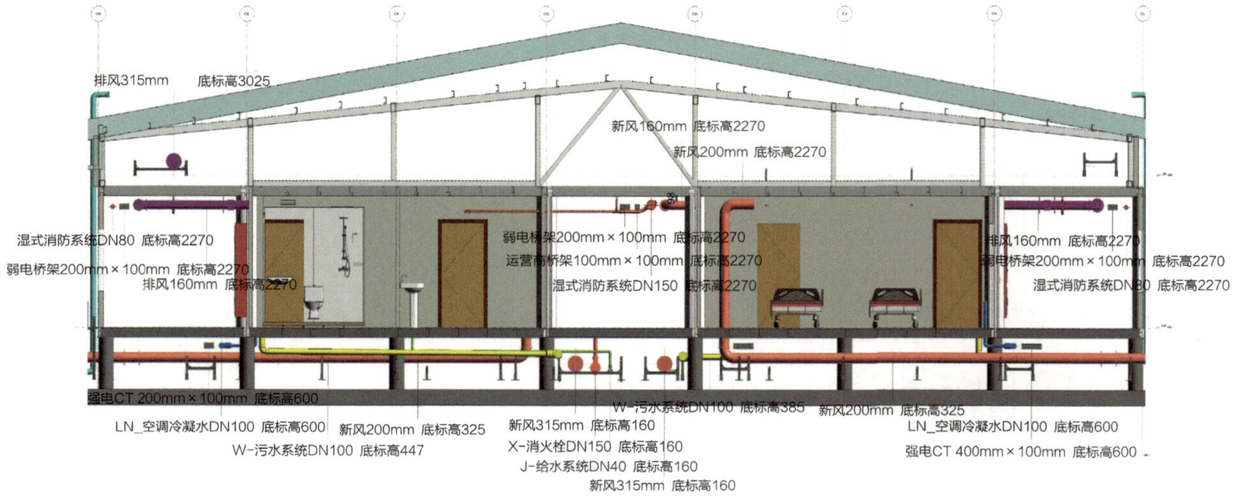

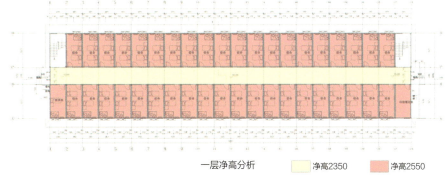

一层净高分析　　净高2350　　净高2550

说明：计算支吊架高度50mm，净高为支吊架底到地面高度。

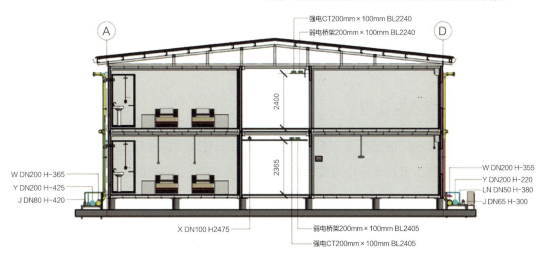

说明：宿舍区域管线综合排布主要分为室内及室外区域，桥架及消防管道于室内吊顶安装；排水管、给水管于室外落地安装。

图10.1-7　宿舍净高分析

10.1.4 BIM辅助成品卫浴

根据优化的箱体管线排布方案，BIM辅助对成品卫浴的预留孔洞进行检测分析，给出最佳开孔位置，并检测成品卫浴与各专业的协调碰撞问题。如图10.1-8、图10.1-9所示。

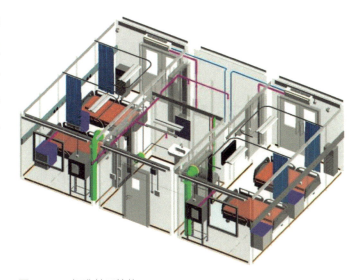

图10.1-8　标准单元箱体

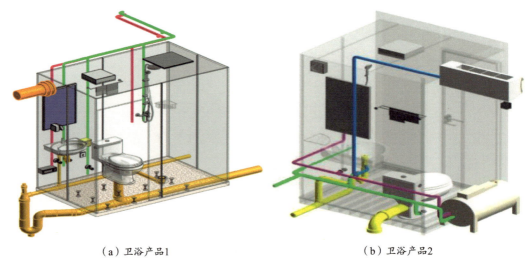

（a）卫浴产品1　　　　　　　　（b）卫浴产品2

图10.1-9　成品卫浴

10.1.5　预留孔洞核查

预留孔洞的准确性极其重要。本项目充分利用BIM技术的可视化特点，准确核查每个预留孔洞的位置，出具预留孔洞核查报告及预留孔洞图。如图10.1-10所示。

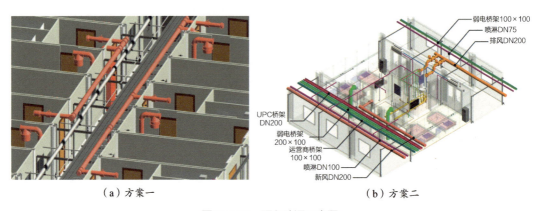

（a）方案一　　　　　　　　　（b）方案二

图10.1-10　预留孔洞示意图

10.1.6　小市政、景观绿化专项分析

1. 全专业BIM模型建立

建立市政管线模型、道路及绿化模型，以相关市政构筑物模型（图10.1-11），在建模过程中对设计图纸进行梳理，发现图纸存在问题并出具问题报告，及时与设计单位进行沟通，提高图纸审查的效率和效果。

2. 主要的碰撞检查

（1）构筑物之间的干涉检查。主要检测构筑物在平面上的侵占情况。通常设计人员

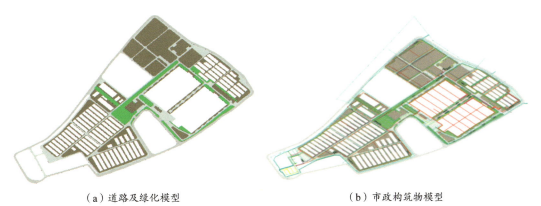

(a)道路及绿化模型　　　　　　　(b)市政构筑物模型

图10.1-11　小市政、景观绿化专项展示模型

在进行构筑物布置时，未考虑构筑物本身的实际结构尺寸，导致现场施工时存在界面侵占情况。利用BIM模型，可按照构筑物真实尺寸，通过模型叠加后进行碰撞检查，提前发现并解决这些问题。

（2）管线之间、管线和构筑物之间的干涉检查。针对管线在平面、竖向与其他管线、建筑物的接触碰撞以及管线是否满足规范要求的最小间距进行检测，出具碰撞报告，及时与设计人员沟通，以提前解决问题。

市政管线碰撞检查如图10.1-12所示。

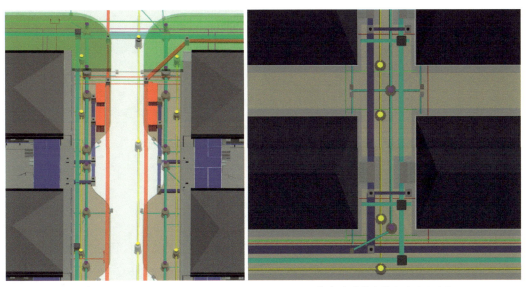

(a)管线空间位置较为紧张　　　　　　　(b)市政管线覆土过深及过浅

图10.1-12　市政管线碰撞检查

10.2 施工阶段BIM应用

施工阶段的BIM应用是对前期设计阶段进行优化设计的复杂过程。各专业信息模型包括建筑、结构、给水排水、暖通、电气等,在此基础上,根据专业设计、施工等知识框架体系,进行碰撞检查、三维管线综合、竖向净空优化等基本应用,从而完成对施工图设计的多次优化。

10.2.1 BIM施工工序模拟

由于现场工人人数众多,流动性较大,为了避免反复交底,利用BIM技术施工工艺的交底动画,从工序穿插流程到钢结构安装,再到精装及节点大样,将施工操作规范与施工工艺融入施工作业模型,使施工图满足施工作业的需求,确保现场施工人员清楚了解安装过程。BIM施工安装工序模拟过程如图10.2-1所示。

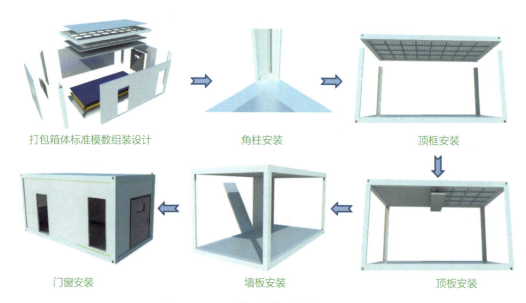

图10.2-1 BIM施工安装工序模拟

10.2.2 预制机电BIM深化设计

管线综合平衡技术是应用于机电安装工程的施工管理技术,包括机电工程中暖通、给水排水、电气、建筑智能化等专业的管线安装。为避免因各专业设计不协调和设计变更产生的"返工"等经济损失,以及在选用各种支吊架时因选用规格过大造成浪费、选用规格过小造成事故隐患等现象,通过对设计图纸的综合分析及深化设计,在施工前先根据所要施工的图纸,利用BIM技术进行图纸"预装配"(图10.2-2~图10.2-5),通过图纸提前解决"打架"问题,从而在实际施工中基本做到一次成型，减少因变更和拆改带来的损失，极大地提升效率，缩短工期，节约项目成本。

（a）基础施工　　　　　　　　　　（b）箱体吊装

 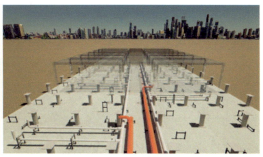
（c）预制支架安装　　　　　　　　（d）医护通道下方送风管及污水管施工

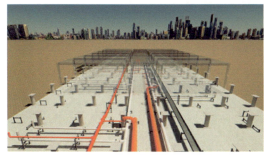 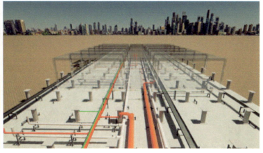
（e）两侧病房下方消火栓及强电桥架施工　　（f）患者通道下方强电桥架施工

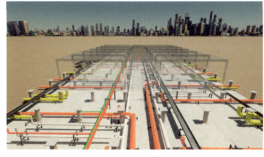 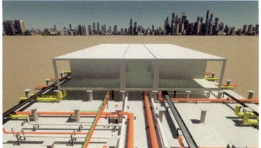
（g）送排风支管安装　　　　　　　（h）定位施工

图10.2-2　机电施工工序示意图

（a）鱼刺区走廊风管施工剖面图

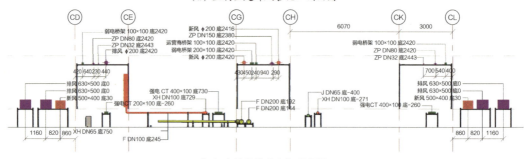

（b）鱼刺区管道支架剖面图

（c）鱼刺管线综合剖面图

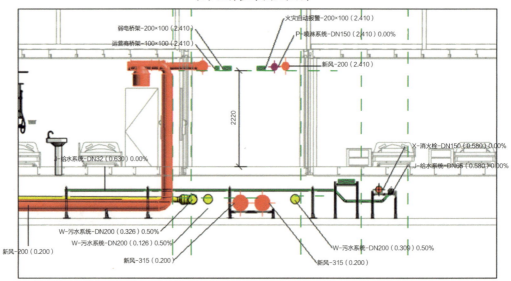

（d）鱼刺新风管施工剖面图

图10.2-3　鱼刺安装示意图

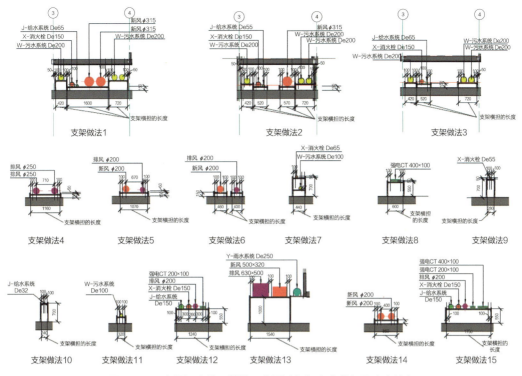

图10.2-4 支吊架安装及做法示意图（与机电事业部配合实施）

图10.2-5 预制机电管线精准下料示意图（不同颜色不同预制范围）

10.2.3 室内精装深化设计

基于BIM技术可以辅助精装修工程可视化深化设计，包括对各种门窗、墙顶的装饰面材以及相应功能的色彩、材质深化设计，对防水节点及做法的深化设计，对机电末端点位的复核等。如图10.2-6、图10.2-7所示。

图10.2-6　应急医院室内精装配合

图10.2-7　应急医院厨房精装配合

10.2.4 BIM可视化交底应用

结合项目的施工工艺流程,对施工作业模型进行施工模拟、优化,选择最优施工方案,生成模拟演示视频,进行现场可视化交底。如图10.2-8所示。

图10.2-8　各类方案讨论及可视化交底会议

10.2.5 基于BIM的720云应用

720云全景技术可用于项目展示,项目模型、虚拟工法、虚拟样板展示,以及三维施工交底,让施工交底多样化。现场可通过张贴二维码进行交底,相关图纸内容和BIM模型、机电管综排布方案及安装方案等均可通过二维码进行展示。如图10.2-9所示。

(a)项目鸟瞰图

(b)方舱检验中心

（c）鱼刺医护走道管线　　　　　　（d）方舱右侧管线

（e）宿舍剖面图　　　　　　　　（f）厨房蒸煮区

图10.2-9　现场720云效果示意图

第11章
智能创新技术

11.1 钢结构智能生产技术

本项目钢结构采用先进的智能化生产线进行加工生产，包括以下内容。通过智能下料中心，对板材进行集中下料及集中储存（图11.1-1）。通过柔性分配，在部分区域实现上料、切割、下料、余废料回收全流程"无人化"作业，有效降低辅助时间和等待时间。下料完成后，送入部件加工中心，集中对零件进行二次加工，通过AGV（自动导向车）智能管控物流转运（图11.1-2）。采用人工组装、机器人自动焊接的方式，有效提高部件生产效率。在人工装焊工作区进行复杂牛腿拼装焊接，增加生产柔性。部品部件通过自动铣磨中心将板条进行全自动铣坡口、打磨、转运，实现"无人化"作业；自动铣磨技术可大幅提高设备生产力，加快生产节拍，提高加工精度，减少人员投入。

部品部件生产完成后进入智能组焊中心（图11.1-3），突破传统立式组立、船型焊接思维，实现了全自动卧式组立、焊接及矫正H型构件。辊道与RGV（有轨制导车辆）组成智能物流系统，完成工序无缝衔接，实现自动化组装、焊接及矫正，从而减少构件周转时间，提升产能及产品质量。

构件焊接采用全自动机器人连续焊接的形式，效率高，连续性强，质量稳定。同时，通过程序化控制、智能化管理，可有效提高设备使用率。构件加工生产完成后，进入自动喷涂中心（图11.1-4），完成机器人喷涂、室内烘干、配备漆雾、废气处理等，保证了构件生产质量和效率。

图11.1-1 智能下料中心

图11.1-2 AGV转运

图11.1-3　智能组焊中心　　　　　　　　图11.1-4　自动喷涂中心

11.2 模块智能制造技术

由于本项目放射科内有CT、核磁共振等大型设备，不仅荷载要求高，而且具有防辐射、防振动等特殊要求，因此，采用钢结构模块建筑体系。设计将放射科区拆解为36个3m×9m模块，为满足现场工期要求，模块采用设计和生产同步的策略，在建筑功能及分区确定后迅速进行模块的拆分和结构深化设计，同时开始工厂主体结构的下料和生产；待设备型号、构造要求、平面布局等确定后，工厂同步在模块主体结构的基础上增加开洞、预埋件及调整墙体位置等，从而大幅缩短了整体工期。

本项目模块箱体生产采用先进的钢结构模块智能制造生产线，主要由结构车间、油漆车间、装修车间组成。整个生产制作过程采用激光切割下料、自动上料组立、激光寻位自动焊接、一键自动控制、三维无极柔性调节等技术，确保了箱体的制作质量及生产周期。

（1）结构车间顶框线生产台位具有自动上料、柔性调节、双倾装焊等功能，每45分钟可以下线一套顶框部件。底架线具有自动物流、自动上料、自动装配、180°翻转、专机焊接等多项自动化功能。底波板自动焊专用设备具有激光纠偏功能。端框线自动输送采用滚筒与板链相结合系统。变位机协同作业可确保全熔透一级焊缝的一次探伤合格率达到99.5%以上。总装工位整线一键换型，可实现尺寸的三维无极柔性调节，配备底架、端部、顶框、侧板的专用定位夹具及柔性激光仪，能够进行部件的快速调节、精准定位、夹持装配等。

（2）油漆车间采用RGV运输模块化箱体，运行速度约15m/s，箱体的接驳、运输、喷涂作业、淋水作业、防火涂料作业等工序实现了全程机械化运输。环保设备采用目前国内先进的沸石转炉+催化燃烧工艺，满足国家环保要求，体现绿色理念。

（3）装修车间采用拉箱链流水线作业和固定台位作业兼容的模式。单个台位专一化装修、定岗化施工,可实现装修效率的最大化。固定台位采用工位不动、产业工人流水作业的模式。模块箱体生产全景如图11.2-1所示。

图11.2-1　模块箱体生产全景图

第4篇

项目成效与经验总结

第12章　项目成效
第13章　经验总结

第12章
项目成效

12.1 进度成效——展示中国速度与力量

12.1.1 总体进度成效

"争分夺秒抢工期,一丝不苟建精品",项目自启动以来就时刻在与时间赛跑。接到建设任务时,项目选址、各方需求、运营单位尚未确定,外围输入条件尚未明确。在这种情况下,长度156m、宽度36m的钢栈桥于2月26日动工,3月6日正式开通,历时9天。应急医院于2022年3月6日动工,4月20日竣工交付(其中一期于4月4日完工,4月7日交付),历时46天;方舱设施于3月22日开工,4月25日竣工交付,历时35天。两项工程共历时51天,交付负压床位1000张,方舱床位10056张,后勤宿舍3500间,配备常规检查、实验、CT和DR检查、手术等各类医技用房;生活配套区可供6500名医护工作人员休息与办公。项目在一片零基础设施的荒滩上建成了全负压、全配套的传染病应急医院和方舱设施,且是通过跨境作业,实现了高质量、高标准、快速按期交付,把不可能变成了现实,再次刷新了建设速度,展示了中国速度与力量。

12.1.2 设计进度成效

2022年2月19日,接到建设任务之时,项目选址、建设规模、建设标准、运营单位需求主体及建设单位主体等一切未知,项目设计工作推进困难重重,而3月6日需要正式开始建设。针对时间紧、任务重、协调多的特点,使用单位、建设单位、EPC总承包单位以及监理单位统一思想,同心聚力。EPC总承包单位组织80余名设计人员当天到位,多阶段、多专业融合设计,施工图设计团队与深化设计团队驻点联合办公;建设单位设计管理团队及监理单位设计管理团队第一时间驻场参与设计管理及图纸审核,深化设计与施工图设计几乎是同步推进,打响了项目设计第一枪。基于在科学的管理理念及拼搏的工作氛围,项目取得了卓越的设计成就。在项目建设内容确定后,3天完成了一期方案,6天完成了一期基础施工图,12天完成了应急医院及配套设施主体施工图,6天完成了医技、污水处理站、厨房等专项施工图,6天完成了方舱设施全套施工图。2022年3月

5日前,完成了设计交底工作,为项目的正式建设奠定了坚实的基础。

12.1.3 招采进度成效

本项目建设体量大、工期短,要求大量资源快速组织,平均每天需要完成产值5000万以上且持续60天,人员、材料、机械的需求远超常规情况。项目的采购时间从平时的50天极限压缩到5天,在2022年3月5日前,前期建设所需人、材、机必须储备完毕。EPC总承包单位第一时间组建紧急招采工作组,紧急召开招采会议决策招采方式,7天内累计摸排资源425家,锁定箱体储备21900套,锁定独立卫浴储备10160套等,标前澄清约谈377次,10天内完成220项招采,9天内完成194份合同签订盖章,高效保障了项目建设的资源供应。

12.1.4 施工进度成效

本项目采用钢结构装配式模块化产品,运用"工厂+现场"的建造模式,通过以BIM为基础的数字化管理平台,实现了项目的科学管理、智慧决策和绿色施工。项目组未雨绸缪,精心部署,在栈桥开通前,项目团队兵分四路:委派先遣队深入区域,清扫障碍;布置4大堆场,储备3000多个箱体;修建栈桥,打通运输动脉;计算资源投入,开展沙盘演练。2022年3月6日,项目肩负抗疫使命和工期命令,正式开拔,赶赴现场。面对恶劣的生活及办公环境,项目团队毅然秉承"先生产、后生活"的理念,科学组织,精心施工。为了打赢决战,项目团队建立工区线、专业线、职能线相互交织的矩阵式组织,利用"三图一曲线"将施工计划可视化,利用物联网设计将施工现场信息化,利用制度流程将施工管理标准化;再借助劳动竞赛激发组织活力,借助每日协调会压实各方责任,实现了现场"比学赶超、大干快上"的生产氛围。面对防疫要求严格、生产环境艰苦、高峰期超2万人同时作业、项目参与总人数达40897人、累计用工504536人次、车流量2883车次、设备400多台等高压环境,项目实现了进场后1天完成6.3万m^2的场平、3天完成1.6万m^3混凝土浇筑(一期混凝土总方量约1.8万m^3)、5天完成4000多个箱体拼装的速度,以及5天绝对工期实现5500多个箱体全部吊装,9天制造完成36个高承载、按永久建筑标准打造的医疗单元模块的高强度作业,30天完成了一期建设交付,46天完成了二期建设交付,51天实现了全部建成交付。

12.2 投资成效——成本控制确保结算

尽管本项目由于建设事项紧急,在项目之初无法通过竞价形式制定有价格的工程量清单，但是在项目实施过程中，通过对工程进展和实际费用的测算、内部严密的讨论，以及口头和书面征求意见，及时形成了"以清单计价为主、按实计量为辅"的原则，在极短的时间内完成了匡算的编制工作，为项目投资估算的精准度提供了重要条件。在应急抢险背景下，成本控制和结算资料的完整性是两大难题。但本项目充分发挥"IPMT+EPC+监理"三线并行的优势，采用匡算控制预算的方式，实现了成本控制效果；通过前后台联动、实时统计人工与机械数量、每日收集资料等形式确保了项目结算的顺利进行。项目于2023年6月26日取得了财政评审报告，财政评审扣减率低于5%。本项目充分体现了在"急难险重"的建设过程中如何做好投资管控及资料归档。

12.3 质量成效——保质保量完成任务

12.3.1 建筑功能配置高规格

尽管时间紧迫，项目前期还面临着资源紧张、缺水缺电等难题，但项目施工中的建筑功能仍保持最高规格。项目整体采用装配式模块化集成建筑，建筑物的结构、内装与外饰、机电、给水排水与暖通等90%以上的工序可在工厂实现标准化集成，确保在极短的工期内实现高质量的建设。同时，建筑采用钢支墩架空箱体，能够有效避免雨水对建筑箱体底部的侵蚀，适合该地区潮湿、多虫等环境。

项目设计严格遵循国家防疫管理相关政策及规范标准等，总体规划明确划分功能分区及洁污分区，严格执行"三区两通道"标准，隔离人员、医护工勤人员、洁净物资、污物流线相互独立，在保证卫生安全的基础上，实现医疗流程的顺畅高效。虽然按临时建筑设计，但项目各项功能完备，设置了ICU床位100张，普通病床900张，方舱床位10056张；1间万级负压复合手术室（含DSA）、2间十万级负压手术室；配有3台CT、1台MRI、1台DR及内镜等大型医疗设备，设置中心供应、检验科、输血科等医技用房，具备新冠定点医院救治能力。此外，项目配备了厨房、指挥中心等配套设施，可保证医院独立、高效、舒适、安全地运营。

12.3.2 使用舒适高质量

项目在隔离人员房型设计、无障碍设计、室内装饰设计、景观环境营造、人员安全保障等方面积极满足人性化、舒适性的需求（图12.3-1）。

应急医院及方舱医院的隔离人员房间均设有独立卫浴，有单人间、双人间等多种房型，满足多元化隔离需求。同时，引入绿植景观，在视觉上弱化区域划分感，营造自然

图12.3-1 室外(局部)实景与普通标准病房实景

疗愈的景观氛围,构建保健型植物群落,促进院区人员的身心健康。病房室内装饰采用光面平整、易消毒饰面材料,色调淡雅,营造舒心氛围,以提升居住体验感。房间配置变频冷暖分体空调,并设置通风系统,为患者提供舒适的治疗环境。在室内外空间设计方面,通过花园式室外景观、宽敞室内走道、休息间、独立就餐区等一系列设计措施,既满足人性化体验又适应疫情防控需求,提升了医护工作环境品质。

12.3.3 专业化技术高标准

项目设计使用年限为5年。在极限施工工期的背景下,项目仍实现了较高标准的专业化设计,高质量、高规格地满足了项目需求。其中,污水处理站(图12.3-2)采用严格的准四类水标准进行处理后排放,医院区污废水通气管均设置消杀装置,废水废气排放完全达标,确保医院对外部环境的影响降到最低。生活用水全部采用加压供水,水箱按最高日用水量的50%进行储备,供水主管选用316L型高端材质,并采用环网供水,确保院区用水安全、安心。医院内负压梯度通过设定不同送排风量,能有效控制气流从清

图12.3-2 污水处理站实景

洁区→半污染区→污染区单向流动,给护理单元区域提供合理的气流组织,避免出现院内感染。作为医疗机构,最为关键的是保证充分的电源供给,项目在修建时采用了多电源供电模式和分布式变配电系统,院区内采用"双环网线路供电+柴油发电机备用电源+重点区域不间断电源UPS+局部IT系统"的供配电系统架构,可确保在治疗过程中不断电。

12.3.4 院区智慧运营高配置

计算机网络系统(含Wi-Fi)的4套网络均采用双核心、双链路的10G全光网络设计,系统之间采用物理隔离;应急医院区域Wi-Fi全覆盖,满足医疗设备接入需求。视频监控系统采用数字高清摄像机,一般区域采用400万像素高清摄像机,重点区域采用800万像素高清摄像机。红区进入绿区缓冲间、负压病房等区域设置AB门门禁系统;采用免接触认证方式,认证等级为国密级,确保项目安防等级。病房与护士站可实现语音对讲,结合病房显示大屏、走道LED显示牌、病房门口机等及时提供医护服务,医护亦可通过病房门口机呼叫护士站主机并实现全双工对讲;周界围墙设置高清智能分析摄像机,具备越线检测、区域入侵、攀爬高墙等分析功能。

12.3.5 全过程高质量BIM技术标准

以"正向设计、全场景、全过程"BIM技术应用为目标,通过装配式建造模式与"BIM+数字化"融合应用,项目在设计、生产、运输、施工环节充分利用BIM技术应用场景,有效实现科技赋能科学管理,助力项目快速建造。

1. **数字化设计**

伴随式数字化协同设计,可弥补二维设计的不足及缺陷,全方位快速展示设计理念,同时通过各专业协同设计,提前实现装配化与建筑功能的匹配。

2. **工厂化预制**

利用基于BIM模型的设计和建造信息,驱动箱体、机电、卫浴等部品部件的工厂预制。

3. **可视化追踪**

利用EPC总承包单位开发的"装配式智慧建造管理平台",通过"部品部件唯一编码+车牌号+GPS"的信息融合技术,实现精准在途管理和部品部件状态管理。

4. **工业化装配**

现场通过VR全景、爆炸图、轻量化模型等现场施工BIM指导书,从虚拟建造交底、施工技术要求、过程质量控制等方面进一步挖掘数字化价值,助力各项作业一次成优;通过沉浸式AR进行现场放样及验收,全面提升项目验收效率及质量。

12.3.6 未来应用的可持续性

应急医院的建设不仅考虑了应对新冠疫情的需求，也考虑到疫情后的可持续性使用需求。因此，在院区内建设了完备的、医疗建筑及设备设施，且考虑其结构安全性能，在设计时均具有一定富余，以确保疫情后仍可作为独立的医疗系统使用。

12.4 安全成效——零事故零伤亡

作为需要24小时不间断施工的极限工期项目，安全生产管理任务极为艰巨。面对点多面广、热火朝天的施工景象，项目明确"统一标准、严格执行、齐抓共管"的安全生产管理思路。项目安全管理目标为坚持"零事故、零伤亡"。在现场施工人员密集、各类设备和工器具繁多、人员管控的高峰期场内作业人员超2万人的情况下，控制作业人员的"三违"（违章作业、违章指挥、违反劳动操作规程）行为工作面临巨大挑战。机械设备管控方面，高峰期有110余台起重机同时作业，2000多辆运输车辆进场，吊装、交通压力巨大。而从作业环境来看，高处作业、交叉作业、夜间施工等均需要确保安全可靠的作业环境。

围绕人员、机械设备、作业环境这三个方面的管控重点难点，项目团队制定了6类15项安全生产管理规定，并提炼为"吊装作业四到位、高处作业三个有、动火作业四个一"等管理口诀，做到管理标准统一。项目在风险防控环节突出标本兼治，推行标准化安全措施及充电式手持工器具，安排专人24小时排查进场设备，对不符合要求的施工器具直接收缴，严把入场关，提升安全水平；推行"四队一制"，实行工区管理制，明确工区安全管理责任，每日开展安全巡查，确保一般隐患立即改、重大隐患不过夜。项目在责任落实环节体现齐抓共管，开展工区、分包单位"安全生产红黑榜"评比，压实主体责任；开展"行为安全之星""平安班组""安全守护者"评比，激发主动安全意识。在全体参建人员的共同努力下，最终项目建设安全、平稳地完成，实现了"零事故、零伤亡"的安全目标。

12.5 防疫成效——双统筹双胜利

项目防疫工作首要原则就是"快"，措施推行要快、动作落实要快、应急响应要快，以时不我待、只争朝夕的态度开展防疫工作。但同时也要避免盲动，紧扣工程建设和疫情防控"双统筹、双胜利"的目标，充分考虑对工期的影响，做好事前预案，谋定而后动。由于现场集结了2万余人，在工作、用餐、交流、交通、出入现场等环节均可能存在新冠疫情传播的风险。如果在封闭区域出现疫情扩散，后果将不堪设想。建设单位与工程总承包、设计、监理等所有参建单位严防"四大风险"（后方输入风险、本地输入风险、内部扩散风险、人员输出风险），把好"六大关口"（入口关、交通关、围合关、教育关、餐饮关、现场管控关），执行"四个分开"（人员分开、场所分开、轨迹分开、核酸检测分开），做到"三个严格"（严格落实全员核酸检测、严格防范输入风险、严格防范输出风险），以高度的政治责任感、强有力的管控手段，融合新型信息化技术，筑牢疫情防控防线。

项目在组织层面建立了一套从项目、参建单位到班组的三级防控体系，防疫团队总人数超过300人，层层压实责任，先后形成了34份防疫专项方案，构建起一套周详缜密的疫情防控制度体系，保障了防疫工作"一体化、网格化"需要，成功实现了项目疫情防控目标任务，保证了防疫工作快而不乱。

施工现场单日核酸采样样本最高峰达15000人次，累计完成核酸检测70余万人次；日均发放各类型口罩16000余只，免洗洗手液500余瓶，消毒喷雾600余瓶，各类常用药品600余盒；医疗服务站日均接待超过250人次，日均对现场消杀3次，通排拉网巡查2次，日均储备各类防疫物资可供在场人员使用14天以上。此外，项目还将疫情防控工作前置，择址设置了"一站式服务中心"，该中心集成了防疫审核、实名制注册、安全教育、核酸检测、工友车站等多种功能，24小时为参建人员提供服务。在既定工期内，项目顺利完成施工，实现了"双统筹、双胜利"的目标。

第13章
经验总结

13.1 管理经验总结

13.1.1 丰富"党建+"模式在项目建设管理中的实践经验

本项目将党建与生产、关怀、防疫、维稳、退场等重要工作内容结合,充分展现了党建引领对项目建设的重要性。在项目中,各层团队与各级党员身先士卒,积极发挥先锋模范带头作用,在困难面前,将"全心全意为人民服务"作为宗旨,时刻以大局意识和担当精神为先,增强"四个意识"、坚定"四个自信"、做到"两个维护",自觉肩负起国家赋予的重大建设使命。

这次党建引领下的项目建设成功,不仅再次向全世界展示出中国速度与中国建设的力量,也再次证明在"一国两制"方针的正确引领下,中国特色社会主义的"党建+"管理能够化解任何艰难险阻,最终取得伟大胜利。同时,再次说明了"党建+"项目建设管理是各类项目建设的主心骨和向心力。本项目的成功实践不仅丰富我国"党建+"管理的应用范畴,同时也将为其他项目推进"党建+"项目建设管理提供经验参考。

13.1.2 "IPMT+EPC+监理"的科学决策管理模式

本项目科学决策管理模式的成功采用证实了在应急管理建设项目中应用组织架构一体化、设计采购施工一体化、全过程工程咨询一体化的决策管理模式,能够满足科学决策需求与项目高效建设的需要。项目在IPMT的组织管控下,以资源最优化、效率最大化为导向,形成了有效的层级管理,即统筹协调相关部门及提出建设决策等重大问题递交专班解决;统筹及落实项目建设决策等次重大问题由项目指挥部解决,建设过程中存在的一般问题由项目管理组解决。多层级的复杂问题协调解决机制能够保证分工详尽、职责明确、流程清晰、决策有效、管控有序,迅速破解项目推进中的阻碍,杜绝重大问题决策延误和失误的风险。

同时,本项目建设单位关注管控,EPC总承包单位关注实施,监理单位关注咨询,各方目标统一、理念统一、各司其职、相互配合,这种高度耦合的"管控+实施+咨询"

关系有助于实现项目的无盲区管理。综合来看，本项目的"IPMT+EPC+监理"模式可为未来各类项目建设提供决策管理模式的参考。

13.1.3 "专项设组+分组碰头+立项销项+难题预警"的科学统筹策划管理机制

本项目从统筹、设计、质量、进度、安全、防疫、党建等方面设立多个专项工作组，建设单位、EPC总承包单位及监理单位均设有专项负责人，确保分组合理、职责清晰。同时，为加强各组内部及各组之间的有效沟通，通过每日碰头会或专题会的形式对发现的问题及时进行研讨，提出解决方案。各方高效沟通促进了项目效率的进一步提升。

在项目开展过程中，由于问题众多，极易发生遗漏，因此建设单位提出了解决问题的立项销项制度，即发现问题立项、动态跟踪进度、解决问题销项的流程，确保各项问题有条不紊地得到解决。此外，由于本项目建设处于疫情高风险时期，因此，项目开展过程中还设有重大风险问题的预警机制。一旦发生重大风险问题就立即研判，开展预警，及时解决。综合来看，本项目的"专项设组+分组碰头+立项销项+难题预警"的机制，既能把控大局情况，又能对专项问题做到细致入微；既适合常规建设项目借鉴，又满足应急管理项目建设的特殊性。因此，可为未来各类项目建设提供统筹管理参考。

13.1.4 "进度+投资+质量+安全+风险防控"的全过程目标管理措施

尽管本项目时间紧迫，但仍遵守全过程目标管理原则，针对进度、投资、质量、安全、风险防控（疫情）开展各项目标管理。

1. 采用融合灵活变阵的"分区网格化+关键工程专班"的进度目标管理措施

首先，分区网格化管理有助于在充分授权的前提下，将存在的问题就地解决、分头解决，从而缩短管理流程，有效推动项目进度。其次，关键工程专班能够对进度压力较大的工程进行逐项击破，减少关键工程对其他工序的影响，确保各项工程能在预定时间内完成。最后，本项目采取灵活"变阵"措施，即根据现场资源调配能力、工期需要等优先对重点工程进行资源倾斜；在EPC总承包单位资源不足或能力极限的情况下，补充其他资源充足的专班进行兜底变阵，确保项目的顺利完成。

规范化的分区管理与工程专班设置，结合灵活的变阵思路，不仅证实能在本项目中实现最佳的目标管理，同时也为未来各类项目建设的进度目标管理优化与实践提供措施参考。

2. 开展前端后台联动与实时统计的EPC总承包合同计价投资目标管理措施

由于项目时间紧急，因此本项目是在没有计价原则的前提下，采用EPC总承包合同计价模式开展的项目计价。这种方式无法形成有价格的工程量清单，但是随着工程开展而不断对计价进行调整与测算，有助于更好地适配项目进程，形成与项目工况匹配的结算原则。

为提升估算的准确性和确保投资合理可控，本项目提出采用"前端后台联动、配合实时统计"的投资目标管理措施，通过驻场造价师和专业造价师的专业支持对项目施工预算进行精准测算、对比、调整和优化，实时的人工与机械数量统计能够夯实计价基础，为后期结算积累宝贵的原始数据。综合来看，前端后台的默契配合、实时统计的一丝不苟、EPC总承包合同计价的创新应用能为未来类似应急项目建设的投资目标管理提供措施参考。

3. 实施多方联合质保与"厂区+驻场"监造的质量目标管理措施

为保障工程质量，本项目由建设单位牵头，联合EPC总承包、监理等单位成立质量保障小组。建设单位肩负工程质量首要责任；EPC总承包单位为工程质量主体责任单位；监理单位肩负工程质量监管的职责。在多方联合质保的前提下，有利于及时发现质量问题，将质量隐患降到最少。

由于本项目采用装配式建筑，在工厂已完成箱体内集成卫浴、灯具、医疗设备带、弱电机柜等多项内容；箱体拼装和机电系统集成则在驻场完成。因此，无论是在厂区的生产过程中还是在驻场的装配过程中，建设单位工程管理中心及工程督导处、第三方质量巡检单位、监理单位、EPC总承包单位等均安排质量管理人员到场监造，严守质量关卡，确保各个环节的施工质量。综合来看，在多方联合质保的前提下，采用厂区与驻场双监造的形式有利于提升项目建设质量，可为未来类似应急项目建设的质量目标管理提供措施参考。

4. 推行"四队一制+联合巡查"的安全目标管理措施

"安全责任，重于泰山。"本项目严格执行"四队一制"制度，对检查中发现的问题能够及时整改和消除，保障了项目的安全建设。同时，由建设单位、EPC总承包单位、监理单位、第三方巡检单位组成的现场联合安全检查小组全天24小时分时段进行安全管控，确保现场"零事故"。综合来看，推行"四队一制+联合巡查"有助于保障项目施工安全，可为未来各类项目建设的安全目标管理提供措施参考。

5. 采取专险专治与因险施策的风险防控目标管理措施

不同于其他项目，本项目建设期正处于第五轮疫情的高发时期，因此如何杜绝疫情传播隐患是本项目的风险防控重点。针对新冠疫情传播特点，本项目提出"双统筹、双胜利"的目标，严防"四大风险"、把好"六大关口"、执行"四个分开"、做到"三个严格"，真正做到面对疫情传播风险的专险专治，以及因险施策地开展风险防控目标管理。这也为未来其他可能面临特殊风险的各类项目建设提供了风险防控目标管理思路。

13.2 技术创新经验总结

13.2.1 设计创新技术的精准选用

本项目在设计过程中提出的无风雨环廊设计、标识设计、创新的架空层设计、道路内外环设计、围挡分区和高标准医疗气体系统，均为应急医院建设提供了创新的技术选用思路。同时，考虑到时间的紧迫性，本项目设计采用的"装配式钢结构+模块化技术"组合体系，能够大幅度地压缩工期、保护环境和提升效能，也可作为未来相关项目设计的技术参考。

由于本项目是一所应急传染病医院，因此在污水处理和废气处理中均考虑应急传染病医院的特点，确保污水、废气的排放对环境与人的安全性。此外，在电气技术、暖通设计和厨房设置等方面也充分考虑设计细节与技术的精准选用。综合来看，本项目的设计经验可为未来类似项目的技术精准选用提供思路与技术参考。

13.2.2 施工创新技术的合理优化

本项目采用了架空层穿插施工技术、典型病房楼栋全工序穿插施工技术、组合桁架加固技术、屋面装配式施工技术、金属屋面装配式施工技术、箱体柔性防水体系施工技术、装饰装配式施工技术等多项施工创新技术。在应用过程中，考虑到项目的地质特性、项目特点、需求匹配与工期需求，对于各类技术进行了合理的调整与优化，以确保各类施工创新技术能够符合项目所需。

综合来看，各项施工创新技术的应用与优化，不仅可为本项目的有序施工、按期交付保驾护航，同时，可为未来相关项目的施工创新技术优化提供思路与技术参考。

13.2.3 BIM创新技术的有效辅助

为保障项目的顺利进行，本项目采用了大量的BIM创新技术，包括施工动画模拟、方案比选、专项检查应用等。BIM技术的全专业协同，不仅能够通过可视化分析确定构配件的合理排布，减少室内交叉作业，缩短工期，还能提前预警施工中可能存在的问题，减少返工损失，提高施工效率。此外，利用BIM+VR技术针对关键节点对工人进行培训，实现可视化技术交底，有助于工人"身临其境"直观地感受项目完成后的空间状态，更好地发现建设过程中可能存在的不足。

BIM创新技术的全过程辅助，减少了在设计、施工中可能要走的弯路，这不仅是提高本项目设计与施工效率的关键，也可为未来各类项目利用BIM技术辅助施工提供案例参考。

13.2.4 智能创新技术的高效助力

在项目建设过程中，采用了多项智能创新技术，包括钢结构智能生产技术、模块化智能制造技术等。这些智能创新技术的应用大幅度提高了设备的生产力，加快了生产节奏，提高了加工精度，减少了人员投入。同时，在项目修建过程中还为项目定制开发了实名的防疫管理系统，有助于各级工作人员对防疫工作进行信息化管理与管控。

智能创新技术的应用不仅提升了项目品质与项目施工速度，同时还能辅助科学管理，有利于更精准、更细致地开展项目管理工作。综合来看，本项目中采取的各项智能创新技术可为未来相关项目的智能技术引入与实施提供思路与方案参考。

13.3 问题思考

1. 关注市政条件与施工工序，谨防落实不足与工序不合理造成的进度滞缓

在施工过程中曾出现因相关市政工程未能提前完成导致材料运输阻滞的市政落实不足问题，同时，金属屋面的施工工序及相关的人、材、机配置考虑不周也导致了施工工序不佳的问题。因此，应在未来的项目开展中牢牢遵守市政工程"先地下、后地上"的工作原则，杜绝盲目地抢项目形象进度而出现工序倒置情况。

2. 重视质量标准与"事前—事中"控制，优先考虑现场平面布置

项目建设前的整体目标定位要在建设单位、设计单位、EPC总承包单位等之间达成共识，比如"应急工程的设计、建造是什么标准"。若项目定位模糊、质量标准不清晰或阶段性地片面强调某一项，都会令项目质量下降。

同时，应注重事前控制与事中控制相结合，避免因事前控制不佳造成返工。包括加强质量交底风险防控，落实质量主体责任，养成按方案施工、按规程作业的习惯；管生产也要管质量，深度落实工序三检制、工序交接质量追溯机制、影像资料记录、成品保护等，通过不断循环前进和改进，促进质量提升。

此外，要率先考虑优先级重要项目的平面布置，防止在同步施工期间造成交通堵塞、资源不足的情况，保证项目可持续、按顺序、合规矩地开展。

3. 提升项目管理人员经验，明确职责分工定位，重视前期统筹方案与机制建设，形成良好的团队合作意识

应结合项目特点，配备具有施工与风险防控经验的管理人员。在项目开展之初，就应当拉通人员的任用和后期调配，明确各级人员的职责与分工定位，杜绝设计、施工、验收总监一肩挑。同时，重视前期统筹方案，将有限的人力资源调配到合适的岗位。

在可能面临大混乱的前提下，应提前建立相应的管控机制，确保施工过程中的有条不紊。适当开展人员激励，充分发动紧后工作推动紧前工作的内生力，调动参建单位的积极性。此外，应当确保团队成员之间具有良好的合作意识，协同作战，服从大局与整体目标，而不是令各分区间通过资源争抢来完成项目。

4. 深度参与安全策划，充分考虑安全设计，强化安全管理意识

现场临时道路、临电、临水及平面管理是消防安全、交通安全、用电安全和文明施工的重要基础，在项目的安全策划中要充分考虑、严格落实。同时，由于应急项目需要大量的人、机、材同时入场，可能带来巨大的安全隐患，因此需要在设计、施工阶段将高风险降至最低，提前考虑安全防护设施的配置，减少现场优化改良的工作量。此外，要确保安全管理部门与其他部门间的通力配合，增强各级人员的安全管理意识，消除安全问题，实现"零失误"与"零事故"。

附录
项目里程碑节点

项目主要工作节点　　　　　　　　　　　　　　　　　附表

序号	时间节点	项目主要工作节点
1	2022年2月24日	建设先遣队出征
2	2022年2月25日	第一批建设物资发往现场
3	2022年2月26日	临时钢栈桥开始施工，第一排桩顺利完成

续表

序号	时间节点	项目主要工作节点
4	2022年2月26日	拼装厂内第一个箱体开始拼装
5	2022年3月1日	箱体组装基地第一个箱体开始拼装
6	2022年3月6日	临时钢栈桥开通运行
7	2022年3月6日	建设队伍全面出征

续表

序号	时间节点	项目主要工作节点
8	2022年3月7日	项目完成第一块阀板浇筑
9	2022年3月9日	箱体组装基地，现场首个箱体正式开吊
10	2022年3月11日	项目机电安装首段样板验收及现场观摩
11	2022年3月12日	应急医院污水处理站施工区域消杀

续表

序号	时间节点	项目主要工作节点
12	2022年3月19日	应急医院一期1545个箱体吊装完成
13	2022年3月21日	方舱设施区域剪网入场消杀
14	2022年3月22日	方舱设施正式开工
15	2022年3月26日	方舱设施C1、C2工区箱体正式开吊

续表

序号	时间节点	项目主要工作节点
16	2022年3月29日	应急医院一期正式通电,进入联调联试阶段
17	2022年3月31日	应急医院一期金属屋面安装完成
18	2022年4月4日	应急医院一期工程竣工验收
19	2022年4月5日	应急医院一期正式完工

续表

序号	时间节点	项目主要工作节点
20	2022年4月9日	方舱设施首栋（C1工区B3栋）综合机电箱体验收成功
21	2022年4月10日	D区22栋宿舍、1号仓库、中央厨房通过完工验收
22	2022年4月12日	方舱设施C2工区率先完成2090个箱体吊装
23	2022年4月13日	中央厨房正式点火及验收

续表

序号	时间节点	项目主要工作节点
24	2022年4月14日	方舱设施土建基础施工全部完成：碎石铺筑完成29823m³，"两布一膜"完成198998m²；筏板浇筑完成33003m³
25	2022年4月15日	应急医院二期金属屋面安装，提前2天完成节点目标
26	2022年4月16日	箱体组装基地完成最后一批箱体发运，累计拼装、发运13959个箱体
27	2022年4月17日	方舱设施全部8447个箱体吊装完成；同日，方舱设施C4工区钢结构完工

续表

序号	时间节点	项目主要工作节点
28	2022年4月18日	方舱设施C1、C2、C3工区钢结构完工
29	2022年4月18日	应急医院一期基本完成查验整改工作，院方同意一期全面移交钥匙
30	2022年4月19日	方舱设施金属屋面安装完成，钢结构全面完工
31	2022年4月20日	应急医院二期工程竣工验收

续表

序号	时间节点	项目主要工作节点
32	2022年4月25日	方舱设施竣工验收